茶艺

高等职业教育“十三五”规划教材

刘晓畅　孙连祥　编

化学工业出版社
·北京·

《茶艺》包括识茶、品茶、茶具、冲泡及空乘茶艺应用五章内容，重点突出茶艺技能及茶艺表演的知识介绍，在此基础上拓展了对茶道礼仪及航空茶艺的知识介绍。

本书的特点主要体现在以茶艺师考试要点为教学内容，以情境教学、案例教学为载体组织教材架构；在保证掌握基础知识的同时突出能力培养，紧扣茶艺师考试要点，结合高职学生的认知规律，充分吸收其他同类型参考书之所长，突出反映当下实用的茶艺技能、特色茶艺知识及茶艺表现。注重学习过程与实际工作岗位技能应用相结合，方便教师讲授和学生学习。

本书可作为高职高专空中乘务、酒店管理、游轮乘务、餐饮管理、旅游英语及相关专业的教材，也可以作为茶艺师岗前培训、就业培训等的考前培训教材，还可供茶艺与茶道爱好者自学使用。

图书在版编目（CIP）数据

茶艺/刘晓畅，孙连祥编. —北京：化学工业出版社，2019.9（2025.1重印）
ISBN 978-7-122-34840-1

Ⅰ.①茶… Ⅱ.①刘…②孙… Ⅲ.①茶艺-介绍
Ⅳ.①TS971.21

中国版本图书馆CIP数据核字（2019）第140889号

责任编辑：旷英姿　韩庆利　　文字编辑：李　曦
责任校对：王　静　　装帧设计：王晓宇

出版发行：化学工业出版社（北京市东城区青年湖南街13号　邮政编码100011）
印　　装：北京瑞禾彩色印刷有限公司
787mm×1092mm　1/16　印张9½　字数142千字　2025年1月北京第1版第7次印刷

购书咨询：010-64518888　　售后服务：010-64518899
网　　址：http://www.cip.com.cn
凡购买本书，如有缺损质量问题，本社销售中心负责调换。

定　　价：39.00元

前　言

我国是茶的故乡，茶文化在我国已有四五千年的历史了。在漫漫的历史长河中，茶被人们赋予了深厚的文化思想内涵。在我国，茶被誉为“国饮”，素有“文人七件宝，琴棋书画诗酒茶”的说法。古人以茶养廉，以茶修德，以茶怡情。饮茶不仅能够满足人们的生理需要，更是人们修身养性、陶冶情操的需要。茶已成为我国传统文化艺术的重要载体，由此形成了深厚的文化内涵。又有“开门七件事，柴米油盐酱醋茶”一说，可见茶与人们的生活紧密相连。茶已成为美化生活、加深友谊、沟通感情、丰富人生、修身养性、保健养生的重要组成部分。如今，科学高雅的饮茶方式已走进了寻常百姓家，茶文化产业成为茶产业的一个重要组成部分，茶艺师成了社会需求量大、收入较高的职业。目前，很多高职学校设立了茶文化或茶艺方面的专业，并开设了相关专业课程。学习茶艺与茶道可以提高学生的学习兴趣和综合素质，同时也拓展了学生的就业渠道。随着航空运输业的大力发展，茶艺也逐渐成为合格空乘人员的必备条件。本书正是结合高职教育的特点和高职学生的认知规律，以学科知识的系统性与国家茶艺师职业岗位技能相结合，使学生能够系统掌握茶艺基础理论，熟练各类茶的冲泡技艺。本书以中级茶艺师考试要点为教学内容，以情境教学、案例教学为载体组织教材架构；注重学习过程与实际工作岗位技能应用相结合，方便教师讲授和学生学习。

本书是校企合作开发教材，由具有多年教学实践经验的辽宁轻工职业学院茶艺技师刘晓畅和中华全国供销合作总社职业技能鉴定指导中心大连工作站原站长、国家一级茶艺技师、国家一级评茶技师、国家二级茶叶加工师孙连祥先生编写。

本书在编写过程中参考了相关书籍和专家学者的研究结果，在此深表谢意。同时也要感谢辽宁轻工业职业学院航空服务系学生衣建鑫、孙坤、李彦斐、李依欣为本书图片的拍摄做了大量工作。

由于笔者水平有限，书中内容难免存在不妥之处，恳请读者对本书提出宝贵意见和建议，以便改进和完善。

编者

2019年7月

目　录

第一章　识茶——人生若只如初见　/ 001

第一节　茶的起源与演变　/ 002
一、茶之为饮，发乎神农氏　/ 002
二、茶史的演变　/ 003
三、饮茶方式的演变　/ 004
四、茶树及茶区分布　/ 006
五、中外饮茶风俗　/ 013
第二节　茶的分类　/ 021
一、基本茶类　/ 022
二、再加工茶类　/ 029
第三节　茶叶的保存　/ 031
一、茶叶变质的因素　/ 031
二、茶叶的保存方法　/ 033
第四节　茶叶的成分与养生保健　/ 036
一、茶的主要成分　/ 036
二、茶叶的呈味因素　/ 041
三、茶养生保健　/ 042

第二章　品茶——浅酌慢品　任尘世浮华　/ 046

第一节　绿茶品鉴　/ 047
一、西湖龙井　/ 047
二、碧螺春　/ 048
三、黄山毛峰　/ 050
四、六安瓜片　/ 052
五、太平猴魁　/ 053
第二节　红茶品鉴　/ 054
一、正山小种　/ 054
二、祁门红茶　/ 056
三、滇红　/ 058
四、红茶调饮　/ 059
第三节　乌龙茶品鉴　/ 060
一、铁观音　/ 060
二、大红袍　/ 062

三、凤凰单枞 / 063
四、白毫乌龙 / 065
第四节 白茶品鉴 / 066
一、白毫银针 / 066
二、白牡丹 / 068
第五节 黄茶品鉴 / 069
第六节 黑茶品鉴 / 071
一、熟普洱茶 / 071
二、安化黑茶 / 072
三、六堡茶 / 074
第七节 花茶品鉴 / 075

第三章 识器与鉴水——碾雕白玉 罗织红纱 / 077

第一节 器为茶之父 / 078
一、茶具种类 / 078
二、工夫茶具清单 / 086
第二节 水为茶之母 / 096
一、茶与水的关系 / 096
二、泡茶用水 / 097

第四章 冲泡——从来佳茗似佳人 / 099

第一节 泡茶 / 100
一、影响茶汤品质的要素 / 100
二、泡茶演示 / 104
第二节 茶艺表演 / 113
一、茶艺表演的基本要求 / 113
二、茶艺表演演示 / 120

第五章 茶艺应用（以空乘专业为例）——茗者八方皆好客 道处清风自然来 / 139

参考文献 / 145

第一章　识茶——人生若只如初见

茶之为饮，发乎神农氏，闻于鲁周公。

数千年来，人们用文言、用白话，为茶礼赞，孕育出灿烂的茶文化。从不同类型的茶叶，到古朴典雅的茶具、景致幽雅的茶楼，以及给人精神享受的茶诗、茶书、茶画，还有渗透到人们精神中的种种茶俗、茶礼，都是茶文化所涵盖的内容（图1-1）。茶文化既包括了茶，又包括了饮茶之人，更包括了饮茶行为以及茶所成就的一切物质和精神上的成果。

图1-1　茶与茶文化

第一节　茶的起源与演变

一、茶之为饮，发乎神农氏

《神农本草经》中记载："神农尝百草，日遇七十二毒，得荼而解之。"在陆羽（唐）的《茶经》中也有记载："茶之为饮，发乎神农氏。"

神农，也称神农氏，即炎帝（图1-2），被尊崇为中华民族农业的祖先。相传，他为了给人们治病，经常到深山中寻找草药，并亲口试尝各种草药的药效。草药中有的含有剧毒，一日，他尝过几种草药后感到口干舌麻、头晕目眩，便坐在一棵树下休息。这时，一阵风吹过，一股清新香气飘来，神农抬头一看，只见树上有几片叶子悠悠落下，这叶子绿油油的。神农心中好奇，便拾起一片放入口中慢慢咀嚼，开始时虽然感到叶子的味道苦涩，但很快就有一种清香回甘的滋味。不久，他更觉气味清香，舌底生津，精神振奋，且头晕目眩感减轻，口干舌麻渐消，好生奇怪。于是，他又拾了几片叶子细看，其叶形、叶脉、叶缘都与一般树木不同。因而他又采了些芽叶、花果而归。回到部落后，神农再次取其嫩叶熬煎试服，发现这些汤汁不仅有生津解渴、利尿解毒等作用，而且还能提神醒脑、消除疲劳，神农非常高兴，就将它取名为"茶"，作为部落的"圣药"。如果部落里有人中毒或者生病，神农就把茶汤分给他们服用，很多病人喝后便痊愈了。由此，茶在人类社会正式登场。

图1-2　神农——炎帝

二、茶史的演变

直到今天，江南茶区还流传着神农氏为解除人们痛苦，亲尝各种植物，不幸中毒，又吃茶而解毒的故事。这一神话传说说明茶最初不是用来喝的，而是用于做药的，因此，我们可以将这一时期称为茶的药用阶段。

后来人们发现：茶不仅具有解毒的功能，把茶叶当菜吃，又具有助消化的作用。茶与各种食物在一起加工，还能起到补充营养、促进消化的作用，这就是茶的食用阶段。

豆子茶是一种十分古老的食茶，在广大的南方水乡，都能寻见它的影子。江西南昌有首名为"芝麻豆子茶"的童谣。

> 摇橹叽哑，撑船河下，河下做什哩？
>
> 河下看丈母，丈母不在家。姨子倒碗茶，什哩茶？
>
> 芝麻豆子茶。你屋里芝麻豆子茶就在吃，我屋里芝麻豆子茶没开花。

在吃的是煮熟的芝麻豆子茶，没开花的是还长在地里的“茶”，颇有些古朴浪漫色彩。不过流行在江南地区的豆子茶只能算是半原始的食茶了，若要追寻它更古老的面貌，或许至今还保存在湘西等地的侗族中的“豆子茶”，是最可借鉴的。

随着社会的发展，人类生活的改善，人们把茶叶加工后烹煮饮用，既提神解渴，又清香鲜爽，给人以美的享受。因此，在众多的饮品中，茶便脱颖而出，成为我国的国饮。

我国饮茶的历史经历了漫长的发展和变化时期。不同的阶段，饮茶的方法、特点都不相同，大约可分为唐前茶饮、唐代茶饮、宋代茶饮、明代茶饮、清代茶饮等几种。

唐朝时期，随着贡茶的兴起，贡焙茶声名远扬，成为早期的名茶，如吴兴紫笋茶等。唐人对茶的质量、茶具、用水、烹煮环境以及烹煮方法越来越讲究，饮茶方法有较大改进。

唐代饮茶不仅在宫廷风行，在民间也很普遍。茶叶类型也以团茶、饼茶为

图1-3　散茶

主，饮时碾碎烹煮，有加调味品的，也有不加的。另外，出现通过蒸青法制成的散茶（图1-3）。人们饮用时，开始注重茶叶原有的色、香、味。同时，斗茶盛行，斗茶中获优胜的茶成为名茶。

世界上第一部茶叶专著《茶经》，是由我国茶圣、唐代文学家陆羽（图1-4）撰写的。《茶经》第一次较全面地总结了唐代以前有关茶叶诸方面的知识，大力提倡饮茶，推动了茶叶生产和茶学的发展。《茶经》的问世，使茶学真正成为一种专门学科，茶文化发展到一个空前的高度。

我国茶史上历来就有“茶兴于唐，盛于宋”的说法。宋代制茶工艺有了新的突破。福建建安（今福建建瓯）北苑出产的龙凤茶名冠天下。这种模压成龙形或凤形的专用贡茶又称龙团凤饼。贡茶的发展与宫廷中的嗜茶风气是分不开的。宋徽宗赵佶甚至御笔亲书了一部《大观茶论》，流传后世。与宫廷饮茶风气相呼应的是当时市民的饮茶之风。

宋代饮茶已在社会各个阶层中普及，包括下层平民。宋代，茶不仅成为人们日常生活中不可或缺的物品，而且饮茶的风俗深入民间生活的各个方面。开封、临安（今浙江杭州）两地茶肆、茶坊林立，客来敬茶的礼俗也已广为流传。总之，宋代茶饮已经进入寻常百姓家。

元末明初，制茶工艺革新，团茶、饼茶被散茶代替，饮茶也改为泡饮法，饮茶的方式更讲究。清代时，无论是茶叶、茶具还是茶的冲泡方法大多和现代相似，六大茶类品种齐全。当时，我国已成为世界上最大的产茶国。

三、饮茶方式的演变

我国饮茶方法先后经过烹茶、点茶、泡茶以及当代饮法等几个阶段。

唐代，饮茶渐渐在百姓中流传开来，尤其是中唐之后，饮茶风俗日盛，成为国饮。唐代饮茶以烹煎为主，这种方式一直延续至宋代。宋人的点茶技艺高超。元末明初，饼茶生产渐趋衰退，散茶开始被人们接受，用沸水冲泡散茶的饮茶方式走进了人们的生活。

图1-4　陆羽

在唐代，饼茶是制茶的主要形式。唐代的饼茶形状很多，通常是中间穿几个孔，烘干后穿成一串串，加以密封，然后运往各地。后来，茶开始由加料的羹煮发展成清茶的烹煮，此时的饮茶法被称为“唐煮”。

宋代是我国历史上茶文化大发展的一个重要时期。宋朝的饮茶方法从煮茶过渡到点茶（图1-5）。点茶就是将茶末直接投入茶碗中，茶中不再放葱、姜、盐等调味品，用沸水点击而成。点茶又称为“宋点”。宋代点茶是以工艺精致的贡茶——龙凤团茶和追求技艺的点茶——斗茶、分茶为主要特征。“斗茶”又称“茗战”，顾名思义就是比茶叶质量的好坏。有人认为斗茶是我国古代茶艺的最高表现形式。

图1-5　点茶

自明太祖朱元璋下诏废团茶，改散茶，碾末而饮的“唐煮”、“宋点”饮法已变成了用沸水冲泡茶叶的泡饮法（图1–6），称为“明泡”，品饮艺术发生了划时代的变化。这种饮茶法对茶叶加工技术的进步，以及黑茶、花茶、乌龙茶等茶类的兴起和发展，起到了巨大的推动作用，从而使明清两代成为我国制茶技术全面发展的时期。

随着沸水冲泡地位的确立，清饮成为我国大部分人的主要饮茶方式，但调饮方式依然存在。除此之外，由于社会的发展和科技的进步，再加上与世界其他国家的交流不断加深，当代饮茶出现了新的内容和形式，如袋泡茶（图1–7）、罐装茶、速溶茶、冷饮茶等。

图1-6　泡饮法

图1-7　袋泡茶

四、茶树及茶区分布

（一）茶树

图1-8　茶树的鲜嫩芽叶

人们通常所品饮的茶叶，是从茶树上采摘的鲜嫩芽叶（图1–8），经加工而成的干茶。茶叶品质的优劣，与茶树品种、茶树生长环境等密切相关。因此，了解茶叶知识，必须从茶树谈起。

我国是最早发现和利用茶树的国家，被称为“茶的祖国”。文字记载表明，我们祖先在3000多年前已经开始栽培和利用茶树。然而，同任何物种的起源一样，茶的起源和存在，必然是在人类发现茶树和利用茶树之前，之后才为人们发现和利用。人类的用茶经验，也是经过代代相传，从局部地区慢慢扩大开来，又隔了很久，才逐渐见诸文字记载。

图1-9　巴达山的大茶树

茶树起源于何时很难考证，因为最早的茶树是野生的植物，它存在的时间比人类的历史还长。在我国南方的云南、贵州、四川等地至今还保存着不少野生的大茶树。

生长于云南省西双版纳勐海县巴达山的大茶树，树高34米，树干直径1.21米。据专家测定，大茶树的树龄已经超过1700年（图1-9）。

邦崴大茶树，生长于云南省普洱市澜沧拉祜族自治县。1997年4月8日，中华人民共和国邮电部发行的以茶为题材的4枚邮票，第一枚便是云南省邦崴大茶树。大茶树树龄已超过1000年，它是人工栽培，经过修剪，后来又放弃修剪，自然生长的大茶树，高11.8米（图1-10）。

图1-10　邦崴大茶树

同大多数植物一样，茶树是由根、茎、叶、花、果实和种子等器官构成的。茶树的根（图1-11）、茎、叶为营养器官，主要功能是担负营养和水分的吸收、运输、合成和储藏，以及气体交换等。茶树的花、果实、种子是繁殖器官（图1-12），主要担负繁殖后代的任务。其包括主干、侧枝，也是形成树冠的主体。茎的主要功能是将根所吸收的水分和营养，以及根部合成的物质输送到叶、花、果实，同时将叶片（图1-13）的光合作用产物输送到各器官，即担负着输导、支持和储藏等任务。

图1-11　茶树的根

图1-12　茶树的繁殖器官

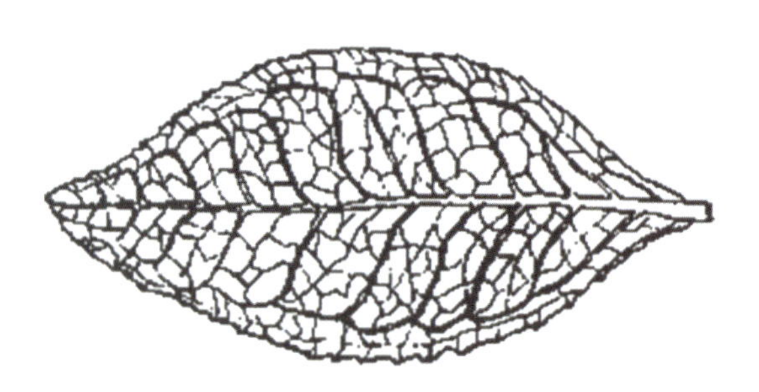

图1-13　茶树的叶片

自然生长的茶树，由于分枝部位的不同，通常分为乔木型、小乔木型和灌木型（图1-14、图1-15）。

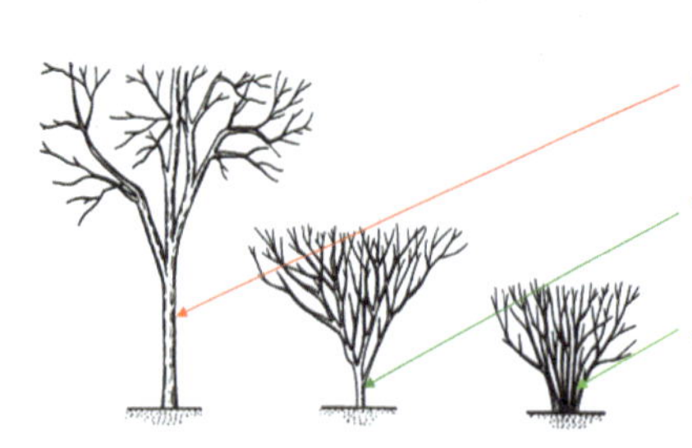

图1-14　茶树的三种不同类型

乔木型　　小乔木型　　灌木型

图1-15　自然生长的三种不同类型的茶树

（二）茶树生长的关键因素

1.光照

茶树喜光耐阴，忌强光直射（图1-16）。强光：叶片增厚，持嫩性差。遮光：叶形大、薄，叶质柔软。光照是茶树生存的首要条件，不能太强也不能太弱，对紫外线有特殊嗜好，因而高山出好茶。

图1-16　茶树生长的关键因素——光照

2. 温度

茶树喜温怕寒。生长适宜温度为20 ~ 30℃。10℃左右茶芽开始萌发，−16 ~ −8℃会冻伤茶树。

3. 湿度

茶树喜湿怕涝（图1−17）。年降水量必须在1000毫米以上，生长期月降水量应大于100毫米。空气相对湿度在80% ~ 90%比较适宜。土壤水分在50% ~ 90%比较适宜，随着土壤含水量提高，生育量增加。

图1−17　茶树生长的关键因素——湿度

4. 酸碱度

茶树喜酸怕碱。土壤pH在4.0 ~ 6.5适宜生长。茶树为嫌钙植物，土壤中氧化钙含量超过0.2%时，有碍茶树生长。

5. 土层

茶树为深根植物，根系庞大，故要求土层深厚疏松。有效土层应在1米以上，且50厘米之内无硬结层或黏盘层（图1−18）。

6. 海拔

茶树适宜生长高度在海拔1000米以下，海拔400 ~ 800米最适宜。

7. 坡向

坡向也是影响茶树生长的关键因素之一。偏南坡地（包括南坡、东南坡、西南坡）获得的太阳辐射总量多，温度高；而偏北坡地的太阳辐射总量较少，温度就低（图1-19）。

《茶经》中提出，茶树应生长在向阳山坡，并最好有林木遮挡。

图1-18　茶树生长的关键因素——土层

图1-19　茶树生长的关键因素——坡向

（三）茶区分布

国家一级茶区分为4个，即江北茶区、江南茶区、西南茶区及华南茶区。

1. 江北茶区

江北茶区位于长江中下游北岸，南起长江，北至秦岭、淮河，西起大巴山，东至山东半岛，包括甘南、陕西、鄂北、豫南、皖北、苏北、鲁东南等地。江北茶区是我国最北的茶区，茶树大多为灌木型中叶种和小叶种，主产绿茶。

茶区年平均气温为15 ~ 16℃，冬季绝对最低气温一般为-10℃左右。年降水量较少，为700 ~ 1000毫米，且分布不均匀，常使茶树受旱。江北茶区地形较复杂，土壤多属黄棕壤或棕壤，是我国南北土壤的过渡类型，不少茶区酸碱度略偏高，但少数山区有良好的微域气候，故茶的质量亦不亚于其他茶区，如六安瓜片、信阳毛尖等。

2.江南茶区

江南茶区位于长江以南，大樟溪、雁石溪、梅江、连江以北，粤北、桂北、闽中北、湘、浙、赣、鄂南、皖南、苏南等地均属江南茶区，浙江、湖南、江西等省和皖南、苏南、鄂南等地，为我国茶叶主要产区，年产量约占全国总产量的2/3。主产茶类有绿茶、红茶、黑茶。产地有品质各异的特种名茶，诸如西湖龙井、黄山毛峰、洞庭碧螺春、君山银针、庐山云雾等。

江南茶区大多处于低丘低山地区，也有海拔1000米的高山，如浙江的天目山、福建的武夷山、江西的庐山、安徽的黄山等，这些地区气候四季分明，年平均气温为15 ~ 18℃，冬季气温一般在−8℃。年降水量1400 ~ 1600毫米，春夏季雨水最多，占全年降水量的60% ~ 80%，秋季干旱。茶区土壤主要为红壤，部分为黄壤或棕壤，少数为冲积壤。该茶区种植的茶树大多为灌木型中叶种和小叶种，以及少部分小乔木型中叶种和大叶种。江南茶区是发展绿茶、乌龙茶、花茶的适宜区域。

3.西南茶区

西南茶区位于我国西南部，米仓山、大巴山以南，红水河、南盘江、盈江以北，神农架、巫山、方斗山、武陵山以西，大渡河以东的地区，黔、川、滇中北和藏东南均属西南茶区，云南、贵州、四川以及西藏东南部是我国最古老的茶区。茶树品种资源丰富，有灌木型和小乔木型，部分地区还有乔木型。主产红茶、绿茶等，是我国发展大叶种红碎茶的主要基地之一。

云贵高原为茶树原产地中心，地形复杂，大部分地区为盆地、高原。其土壤类型多样。在滇中北多为赤红壤、山地红壤和棕壤，在川、黔及藏东南地区则以黄壤为主，有少量棕壤，土壤有机质含量一般比其他茶区丰富，土壤状况也适合茶树生长。西南茶区内同纬度地区海拔悬殊，气候差别很大，大部分地区均属亚热带季风气候，冬不寒冷，夏不炎热。

4. 华南茶区

华南茶区位于我国南部，大樟溪、雁石溪、梅江、连江、浔江、红水河、南盘江、无量山、保山、盈江以南，闽中南、粤中南、海南、桂南、滇南等均属华南茶区，包括广东、广西、福建、台湾、海南等省（区），为我国最适宜茶树生长的地区。华南茶区内有乔木、小乔木、灌木等各种类型的茶树品种，茶资源极为丰富，主产红茶、乌龙茶、白茶和黑茶等，所产大叶种红碎茶，茶汤浓度较高。

除闽北、粤北和桂北等少数地区外，大部分地区年平均气温为19 ~ 22℃，最低月（1月）平均气温为7 ~ 14℃，茶年生长期10个月以上，年降水量是我国茶区之最，一般为1200 ~ 2000毫米，其中台湾地区雨量特别充沛，年降水量常超过2000毫米。茶区土壤以赤红壤为主，部分地区也有红壤和黄壤分布，土层深厚，有机质含量丰富。

五、中外饮茶风俗

茶虽与咖啡、可可并称世界三大饮料，但是茶已经远远超越了自身的物质属性，不仅仅作为一种饮料简单存在，与琴棋书画一样成为人们的精神食粮，成为一种修养、一种人格力量、一种境界。

（一）我国饮茶风俗

1. 汉族的饮茶习俗

（1）清饮

汉族的饮茶方式大致可以分为品茶、喝茶、吃茶。古人重“品”，近代多为“喝”，至于“吃”，则为数不多且范围不广。“品”，重在意境，以鉴别茶叶香气、滋味和欣赏茶汤、茶姿为目的，自娱自乐。要细品缓啜，“三口方知真味，三番才能动心”。“喝”，以清凉解渴为目的，或大碗急饮，或不断冲泡，连饮带咽。“吃”，连茶带水一起咀嚼咽下。

虽然方法有别，但汉族大都推崇清饮。最具代表性的饮用方式，要数啜乌龙、品龙井、吃早茶和喝大碗茶。

（2）盖碗茶

在汉族居住的大部分地区都有喝盖碗茶的习俗，以我国西南地区的一些大中城市，尤其是成都最为流行。盖碗茶盛于清代，如今已成为茶楼、茶馆等饮茶场所的一种传统饮茶方法。一般家庭待客，也常用此法饮茶。

一般来说，饮盖碗茶（图1-20）有五道程序。一是净具：用温水将茶碗、碗盖、碗托清洗干净。二是置茶：用盖碗茶饮茶，摄取的都是珍品茶，常见的有花茶、沱茶，以及上等红、绿茶等，用量通常为3 ~ 5克。三是沏茶：一般用初沸开水冲茶，冲水至茶碗口沿时，盖好碗盖，以待品饮。四是闻香：泡5分钟左右，茶汁浸润茶汤时，用右手提起茶托，左手掀盖，随即闻香舒腑。五是品饮：用左手握住碗托，右手提碗抵盖，倾碗将茶汤徐徐送入口中，品味润喉，提神消烦。

图1-20　盖碗茶

（3）啜乌龙茶

闽南及广东的潮汕一带，几乎男女老少都钟情于用小杯细啜乌龙茶。啜茶用的小杯，称若琛瓯，只有半个乒乓球大。用如此小杯啜茶，实是汉族品茶艺术的展现。啜乌龙茶有很多讲究，与之配套的茶具，诸如风炉、烧水壶、茶壶、茶杯，谓之“烹茶四宝”（图1-21）。泡茶用水应选择甘洌的山泉水，而且必须做到沸水现冲。经温壶、置茶、冲泡、斟茶入杯，便可品饮。啜茶的方式更为奇特，先要举杯将茶

图1-21　烹茶四宝

汤送入鼻端闻香，只觉浓香透鼻；接着用拇指和食指按住杯沿，中指托住杯底，举杯倾茶汤入口，含汤在口中回旋品味，顿觉口有余甘；一旦茶汤入肚，口中"啧啧"回味，又觉鼻口生香，咽喉生津，"两腋生风"，回味无穷。这种饮茶方式，其目的并不在于解渴，主要是在于鉴赏乌龙茶的香气和滋味，重在精神的享受。所以，凡"有朋自远方来"，对啜乌龙茶，都"不亦乐乎"！

2.少数民族的饮茶习俗

（1）藏族的酥油茶

酥油茶是藏族人生活中不可或缺的饮料（图1–22）。青藏高原空气稀薄，气候干冷，蔬菜瓜果少，居民常年以奶、肉为主食。"其腥肉之食，非茶不消，青稞之热，非茶不解。"茶叶是他们补充营养的重要食品。西藏地区年人均茶叶消费量达15千克，为全国之冠。

图1–22 酥油茶

（2）苗族和侗族的油茶

油茶是生活在鄂北、湘南和贵州遵义地区的苗族、侗族及生活在鄂西地区土家族人最珍爱的饮料（图1–23）。其始于何时，无可考证，连当地的老寿星也只知道一首代代相传的民谣："香油芝麻加葱花，美酒蜜糖不如它。一天油茶喝三碗，养精蓄力劲头大。"喝油茶能除邪祛湿，预防感冒，所以当地的百姓把打油茶看得和做饭一样重要，家家户户常年必喝。

图1–23 油茶

图1-24　咸奶茶

（3）蒙古族的咸奶茶

在内蒙古，人们喝咸奶茶是一日不可或缺的生活小事，但同时又是十分注重礼节的大事（图1-24）。敬奶茶时应根据蒙古族“崇老尚德”的优良传统，把第一碗奶茶先捧给在场年纪最大的人，然后再依次敬茶。敬茶时每碗茶都不可倒得太满（不应超过八分碗），敬茶要躬身双手托举茶碗过头顶，再献给客人。客人也应双手接碗，接过碗后即在嘴边咂一口，以示回敬。头一碗礼过，客人落座后即可自由喝茶了。

（4）白族的三道茶

白族的三道茶，即第一道苦茶，第二道甜茶，第三道回味茶（图1-25）。

图1-25　白族的三道茶

请客人品“苦茶”很有讲究，品苦茶用的茶杯很小，称为牛眼睛盅。斟茶只能斟到小半杯，谓之“酒满敬人，茶满欺人”。当主人用双手把苦茶敬献给客人时，客人也必须双手接茶，并一饮而尽。头道茶经过烘烤、煎煮，茶汤色如琥珀，香气浓郁，但入口却很苦，这寓意了做人的道理：“要想立业，必先吃苦。”喝了头道苦茶后，客人可随意取食桌子上摆放的瓜子、松子、花生、糖果等。主人开始准备第二道茶——甜茶。

第二道茶汤仍然用熬过头道茶的陶罐来煮，不同的是必须把牛眼睛盅换成小碗或普通的大茶杯。碗或杯中放入红糖和核桃仁，冲茶可冲到八分满。用这第二道甜茶敬客人，寓意为："人生在世，无论做什么，都只有吃得了苦，才会有甜。"这道茶香甜爽口，浓淡适中。品了第二道茶，客人依然是吃些茶点，等待主人烹制第三道茶。

在冲第三道茶之前，主人先将一满匙蜂蜜和3 ~ 5粒花椒放入碗（杯）中，有的主人还加入烤黄的乳扇，然后冲入开水，冲水的容量以半碗（杯）为宜。客人接过主人敬奉的第三道茶时，应一边晃动茶碗（杯），使茶汤与佐料均匀混合，一边口中"呼呼"作响，趁热品茶。这道茶称为"回味茶"，甘、苦、麻、辣、甜五味俱全，它寓意要时刻牢记先苦后甜的人生哲理。

3. 茶与婚礼

茶在民间婚俗中历来是"纯洁、坚定、多子多福"的象征（图1-26）。明代许次纾的《茶疏》中有："茶不移本，植必子生。"古人认为，茶树只能以种子萌芽成株，不能移植，故历代视"茶"为"至性不移"的象征。"茶性最洁"，可示爱情"冰清玉洁"；"茶不移本"，可示爱情"忠贞不渝"；茶树多籽，象征子孙"绵延繁盛"；茶树又四季常青，寓意爱情"坚贞不移""永世常青"。故世

图1-26　婚礼中的茶俗

代流传订婚以茶为礼，茶礼成了男女之间确立婚姻关系的重要形式。“茶”成了求婚的聘礼，称“下茶”“定茶”，而女方受聘茶礼，则称“受茶”“吃茶”。如女子再一次受聘他人茶礼，会被世人斥为“吃两家茶”，为世俗所不齿。

旧时将整个婚姻礼仪总称为“三茶六礼”。其中“三茶”，即订婚时“下茶”，结婚时“定茶”，同房时“合茶”。也有将“提亲、相亲、入洞房”的三次沏茶合称“三茶”。举行婚礼时，还有行“三道茶”的仪式。第一道为“百果”；第二道为“莲子或枣子”；第三道才是“茶叶”，都取其“至性不移”之意。

4.茶与祭祀

“茶”与丧祭的关系也是十分密切的（图1-27）。“无茶不成丧”的观念，在我国祭祀礼仪中根深蒂固。

图1-27　丧祭茶俗

南北朝时，梁萧子显撰写的《南齐书》记载：齐武帝萧赜于永明十一年在遗诏中称“我灵上慎勿以牲为祭，唯设饼、茶饮、干饭、酒脯而已”。

以茶为祭，可祭天地神佛，也可祭鬼魂。上到王宫贵族，下至庶民百姓，在祭祀中都离不开茶叶。无论是汉族还是少数民族，都较大程度保留着以茶祭祀祖宗神灵，用茶陪丧的风俗。

用茶作祭，一般有三种方式：以茶水为祭，放干茶为祭，只将茶壶、茶盅象征茶叶为祭。

（二）外国饮茶风俗

1.印度尼西亚的冰茶

在一日三餐中，印度尼西亚人认为中餐比早、晚餐更重要，饭菜的品种花样也比较多。但他们有个习惯，不管春、夏、秋、冬，吃完中餐以后，不是喝热茶，而是要喝一碗冰冷的凉茶。凉茶，又称冰茶，通常用红茶冲泡而成，再加入一些糖和佐料，随即放入冰箱，随时取饮（图1-28）。

2.越南的代代花茶

越南毗邻我国广西壮族自治区，有些饮茶风俗与广西地区相仿。此外，他们还喜欢饮一种代代花茶（图1-29）。

图1-28　印度尼西亚的冰茶

图1-29　代代花茶

代代花（蕾）洁白馨香，越南人喜欢把代代花晒干后，放上3 ~ 5朵和茶叶一起冲泡饮用。由于这种茶是由代代花和茶两者相融，故名代代花茶。代代花茶有止痛、祛痰、解毒等功效。冲泡后，绿中透出点点白的花蕾，煞是好看；喝起来又芳香可口。如此饮茶，饶有情趣。

茶/艺

3. 土耳其红茶

土耳其人喜欢喝红茶（图1-30），喝茶用的器具是玻璃杯、小匙、小碟。煮茶时，使用一大一小两把铜茶壶，首先，将大茶壶放置木炭火炉子上煮水，再将盛满浓茶水的小茶壶放在大茶壶上，按各人对茶浓淡的需求，将小茶壶中数量不等的浓茶汁分别倾入各个小玻璃杯中；之后，再将大茶壶中的沸水冲入盛有浓茶汁的各个小玻璃杯中，至七八分满后，加上一些白糖，用小匙搅拌几下，使茶、水、糖混匀后便可饮用。土耳其人煮茶，讲究调制工夫，认为只有色泽红艳透明、香气扑鼻、滋味甘醇可口的茶，才是恰到好处。

图1-30　土耳其红茶

4. 巴基斯坦红茶（绿茶）

巴基斯坦是一个崇尚饮茶的国家。当地天气炎热，居民多食用牛、羊肉和乳制品，缺少蔬菜。因此，长期以来，他们养成了以茶消腻、以茶解暑、以茶为乐的饮茶习俗，茶成了巴基斯坦最大众化的饮料。巴基斯坦人大多习惯于饮红茶（图1-31）。

居住在巴基斯坦的西北高地的人以及靠近阿富汗边境的牧民，也有饮绿茶的。饮绿茶时，大多配以白糖，并加几粒小豆蔻，使其具有清凉感。

图1-31　巴基斯坦红茶

5. 英国牛奶红茶

1662年，葡萄牙的凯瑟琳公

主嫁给英国的查理二世，饮茶风尚也由此带入英国皇室。凯瑟琳公主视茶为健美饮料，因嗜茶、崇茶而被人称为“饮茶皇后”。

英国人特别崇尚汤浓味醇的牛奶红茶（图1-32）和柠檬红茶，由此还出现了茶座、茶会以及饮茶舞会等。

6.美国茶饮

美国人喝茶有清饮与调饮两种，大多喜爱在茶内添加柠檬、糖及冰块等（图1-33）。不过，美国人喝茶没有欧洲人那么考究。再加上美国人生活节奏很快，喜爱方便快捷的喝茶方式，故以冰茶、速溶茶为主。

图1-32　英国牛奶红茶

图1-33　美国茶饮

第二节　茶的分类 

我国茶叶分为基本茶类和再加工茶类两大部分。根据制作方法不同和茶汤色泽上的差异，将基本茶类划分为绿茶、红茶、黄茶、白茶、青茶（乌龙茶）、黑茶六大类。以基本茶类为原料经过再加工，在加工过程中使茶叶的某些品质特征发生根本性变化（改变形态、饮用方式和饮用功效）的茶叶称为再加工茶类。再加工茶类主要包括花茶、紧压茶、速溶茶等几类。

一、基本茶类

图1-34　绿茶

（一）绿茶

绿茶属不发酵茶（发酵度为0），品质特征为清汤绿叶，形美、色香、味醇，性凉而微寒（图1-34）。绿茶作为我国第一大茶系，有其他茶类所不及的显著医疗保健效果，被称为“原子时代的健康饮料”。这类茶的颜色是翠绿色，泡出来的茶汤绿黄，因此称为绿茶，名品有西湖龙井、碧螺春、黄山毛峰、太平猴魁、六安瓜片等。

颜色：碧绿、翠绿或黄绿，久置或与热空气接触易变色。

原料：嫩芽、嫩叶，不适合久置。

香味：清新的绿豆香，味清淡，微苦。

性质：富含叶绿素、维生素C。茶性较寒凉，咖啡碱、茶碱含量较多，较易刺激神经。

1.绿茶的制作工艺

（1）杀青　杀青是绿茶制作的最初工序，也是决定绿茶形状和品质的关键工序。杀青的目的是通过高温破坏和钝化鲜叶中的氧化酶活性，蒸发鲜叶部分水分，使茶叶变软，便于揉捻成形，促进良好香气的形成。

（2）揉捻　揉捻是一个简单造型的过程，比如条形绿茶，通过揉捻可使叶片卷曲成条。不同造型和品质的绿茶，揉捻时间和轻重程度是不同的。

（3）干燥　干燥是进一步蒸发水分。干燥的目的是挥发掉茶叶中多余的水汽，以保持茶叶中酶的活性，便于保存品质，固定茶形。

2.绿茶的基本分类

绿茶可分为炒青绿茶、烘青绿茶、蒸青绿茶和晒青绿茶。

（1）炒青绿茶

长炒青绿茶：成品有珍眉、秀眉等。

圆炒青绿茶：成品有珠茶等。

扁炒青绿茶：成品有龙井等。

细嫩炒青绿茶：成品有碧螺春等。

（2）烘青绿茶

普通烘青绿茶：成品有闽烘青、浙烘青等。

细嫩烘青绿茶：成品有黄山毛峰、太平猴魁等。

（3）蒸青绿茶　成品有煎茶、玉露等。

（4）晒青绿茶　成品有滇青、川青、陕青等。

（二）红茶

红茶属全发酵茶（发酵度为100%）。红茶通常呈碎片状，但条形的红茶也不少。因为其颜色是深红色，泡出来的茶汤又呈朱红色，所以叫红茶（图1-35）。

图1-35　红茶

颜色：暗红色。

原料：大叶、中叶、小叶都有，一般是切青、碎形和条形。

香味：麦芽糖香、焦糖香，滋味浓厚，略带涩味。

性质：温和。不含叶绿素、维生素C。因咖啡碱、茶碱较少，刺激神经性较低。

1.红茶的制作工艺

（1）萎凋　萎凋是指将鲜叶通过晾晒等蒸发部分水分，使一定硬脆的梗叶成萎蔫凋谢状态的过程，是红茶初制的第一道工序。萎凋可增强茶的酶活性，同时使茶叶叶片变柔韧，便于造型。萎凋方法有自然萎凋和萎凋槽萎凋。自然萎凋，即将茶叶薄摊在室内或室外阳光不太强处，搁放一定的时间。萎凋槽萎凋是将鲜叶置于通气槽体中，通以热空气，以加速萎凋过程，也是目前普遍使用的萎凋方法。

（2）揉捻　红茶揉捻的目的与绿茶相同，即使茶叶在揉捻过程中容易成形并增进色香味浓度，同时，由于叶片细胞组织被破坏，便于在酶的作用下进行必要的氧化，利于后面发酵的顺利进行。

（3）发酵　发酵是红茶制作的独特阶段，经过发酵，多酚类物质在酶的作用下发生氧化聚合，叶色由绿变红，形成红叶、红汤的品质特点。目前普遍使用发酵机控制温度和时间进行发酵，发酵适度，嫩叶色泽红润，老叶红里泛青，青草气消失，具有熟果香。

（4）干燥　干燥就是蒸发水分，即将发酵好的茶坯，采用高温烘焙，迅速蒸发水分，达到干燥的过程，以固定外形，保持干度以防霉变。干燥的目的是停止发酵，激化并保留高沸点芳香物质，获得红茶特有的醇厚、香甜、浓郁的香味。

2.红茶的基本分类

（1）小种红茶　成品有正山小种等。

（2）工夫红茶　成品有滇红工夫、川红工夫、闽红工夫（政和工夫、白琳工夫、坦洋工夫）等。

（3）红碎茶　成品有叶茶、片茶、末茶、碎茶等。

（三）黄茶

黄茶属部分发酵茶（发酵度为10%），是一种发酵度不高的茶类。黄茶的品质特征是黄叶黄汤，滋味甘醇鲜爽，耐冲泡（图1-36）。黄茶性温而微甘，适合脾虚寒者饮用。黄茶的制作工艺和绿茶略有不同，即在发酵过程中加以闷黄。“闷黄”是黄茶制作区别于绿茶制作的独特工序。堆闷后，叶已变黄，干燥制成，黄茶浸泡后就是黄汤黄叶。黄茶的产量很少，主要在湖南君山和沩山、安徽金寨、湖北远安、浙江平阳等地。例如，君山银针、蒙顶黄芽、霍山黄芽等。

图1-36　黄茶

颜色：黄叶黄汤。

原料：带有茸毛的芽头，用芽或芽叶制成。制茶工艺类似于绿茶。

香味：香气清纯，滋味甜爽。

性质：温性，因产量少，是珍贵的茶叶。

1.黄茶的制作工艺

（1）杀青　黄茶杀青前要磨光打蜡，杀青过程中动作要轻巧灵活，4 ~ 5分钟后，散发出香气即可出锅，形成黄茶特有的清鲜、嫩香。

（2）堆闷　也称闷黄，是黄茶类制作工艺中独有的一道工序，是制作黄茶的关键。堆闷是通过湿热作用，使茶叶的成分发生一定的化学变化，形成黄色、黄汤的特质。影响堆闷的因素主要是茶叶的含水量和叶温。含水量越多，叶温越高，湿热条件下的黄变过程就越快。

（3）干燥　黄茶的干燥过程一般分几次进行，温度也比其他茶类偏低，一般控制在50 ~ 60℃。

2.黄茶的基本分类

（1）黄大茶　黄大茶是采摘一芽二三叶甚至一芽四五叶为原料制作而成的，主要包括霍山黄大茶、广东大叶青等。

（2）黄小茶　黄小茶是采摘细嫩芽叶加工而成的，主要包括北港毛尖、沩山毛尖、平阳黄汤等。

（3）黄芽茶　黄芽茶是采摘细嫩的单芽或一芽一叶为原料制作而成的，主要包括君山银针、蒙顶黄芽、霍山黄芽等。

（四）白茶

白茶类属部分发酵茶（发酵度为10%），属于轻微发酵茶。白茶是呈条状的白色茶叶，泡出来的茶汤呈象牙色。因白茶是采自茶树的嫩芽制成，细嫩的芽叶上面盖满了细小的白毫，白茶的名称就因此而来（图1-37）。白茶还是预防夏季中暑的“良药”。白

图1-37　白茶

茶制作的关键步骤是萎凋和干燥，既保持了白茶特有的香、汤味鲜爽的特点，又保留了很多对人体有益的天然元素。例如，银针白毫、白牡丹、寿眉等。

颜色：色白隐绿，干茶外表满披白色茸毛。

原料：用福鼎大白茶种的壮芽或嫩芽制作，大多是针形或长片形。

香味：汤色浅淡，味清鲜爽口、甘醇，香气弱。

性质：寒凉，有退热祛暑作用。

1. 白茶的制作工艺

（1）萎凋　萎凋是形成白茶满披白毫的关键，分为室内萎凋和室外萎凋，可根据气候的不同灵活掌握。例如，在阴雨和下雪的天气，可采取室内萎凋方式，而如果在春秋季节的晴天，可采取室外萎凋的方式。

（2）干燥　制作白茶一般没有炒青或揉捻的过程，而是根据白茶种类的不同经过简单的干燥即可。烘焙的火候要掌握得当，过大鲜味欠鲜爽，不足则鲜味平淡。经过烘焙的白茶称为“毛茶”。

（3）二次干燥　经过烘焙过的白茶经筛选或精制才能分装，而白茶的茶叶展开后很容易吸收水分，因此在最后装箱之前，已达八九成烘干的毛茶还需进行第二次烘焙，去掉多余的水分，把茶型固定下来，便于保存。

2. 白茶的基本分类

（1）白芽茶　成品有白毫银针等。

（2）白叶茶　成品有白牡丹、贡眉、寿眉等。

（五）青茶（乌龙茶）

青茶属半发酵茶（发酵度为10% ~ 70%），俗称乌龙茶。其茶性不寒不热，适合大多数人饮用。这种茶呈深绿色或青褐色，泡出来的茶汤则是蜜绿色或蜜黄色。乌龙茶既有红茶的浓鲜味，又有绿茶的清香味，品尝后齿颊留香，回味甘甜（图1-38）。例如，冻顶乌龙茶、闽北水仙、铁观音茶、武夷岩茶等。

颜色：青绿、暗绿。

原料：两叶一芽，枝叶连理，大都是对口叶，芽叶已成熟。

香味：花香果味，从清新的花香、果香到熟果香都有，滋味醇厚回甘，略带微苦亦能回甘，是最吸引人的茶叶。

性质：温凉。略具叶绿素、维生素C，茶碱、咖啡碱约含3%。

图1-38　青茶（乌龙茶）

1.乌龙茶的制作工艺

（1）萎凋　萎凋分日光萎凋和室内萎凋。日光萎凋又称晒青，即使鲜叶散发部分水分，使叶内物质适度转化，达到适宜的发酵程度。室内萎凋又称凉青，让鲜叶在室内自然萎凋，也是乌龙茶萎凋中常见的一种方法。

（2）摇青　摇青是乌龙茶做青的关键。茶叶经过4～5次不等的摇青过程，其鲜叶会发生一系列的变化，使乌龙茶叶形成独特的“绿叶红镶边”特点，并伴有乌龙茶独特的芳香。

（3）摊晾　摇青后要放置在水筛上静置，俗称晾青或摊晾。

（4）杀青　同绿茶的杀青，就是以炒青机破坏茶中的氧化酶，防止叶子继续变红，使茶叶中的青气味消退，茶香浮现。

（5）揉捻　属造型步骤，即将乌龙茶茶叶制成球形或条索形的结构。

（6）烘焙　即干燥，去除多余水分和苦涩味，焙至茶梗手折断脆，气味清纯，使茶香醇。

2.乌龙茶的基本分类

（1）闽南乌龙茶　成品有铁观音、黄金桂、大叶乌龙、本山、毛蟹等。

（2）闽北乌龙茶　成品有武夷大红袍、武夷肉桂、武夷水仙等。

（3）广东乌龙茶　成品有凤凰单枞、凤凰水仙、岭头单枞等。

（4）台湾乌龙茶　成品有冻顶乌龙、阿里山乌龙、东方美人、包种等。

图1-39　黑茶

（六）黑茶

黑茶类属后发酵茶（随时间的不同，其发酵程度会变化）。黑茶茶色成黑褐色，茶叶粗老，汤色红浓明亮，香味醇厚，具有扑鼻的松烟香味。黑茶属深度发酵茶，存放时间越久，其味越醇厚（图1-39）。

颜色：青褐色，汤色为橙黄或褐色。虽是黑茶，但泡出来的茶汤未必是黑色。

原料：花色、品种丰富，大叶种等茶树的粗老梗叶或鲜叶经后发酵制成。

香味：具陈香，滋味醇厚回甘。

性质：温和。属后发酵茶，可存放较久，耐泡耐煮。

1.黑茶的制作工艺

（1）杀青　黑茶叶粗老，含水量低，需高温快炒，翻动快匀，至青气消除、香气飘出、叶色呈均匀暗绿色即可。

（2）揉捻　黑茶原料粗老，必须趁热揉捻，且本着轻压、短时、慢揉的原则完成黑茶的揉捻造型步骤。一般至黑茶嫩叶成条、粗老叶成褶皱即可。

（3）渥堆　渥堆是黑茶品质形成的关键工序，就是把经过揉捻的茶堆成大堆，人工保持一定的温度和湿度，用湿布或者麻袋盖好，使其经过一段时间的发酵，适时翻动一两次。在渥堆过程中，叶色会由暗绿色变为黄绿色。

（4）干燥　黑茶的干燥有烘焙法和晒干法，通过最后干燥形成黑茶特有的油黑色和松烟香味，固定茶型和茶品，防止霉变。

2.黑茶的基本分类

（1）湖南黑茶　成品有安化黑茶等。

（2）湖北老青茶　成品有崇阳老青茶。

（3）四川边茶　成品有南路边茶、西路边茶等。

（4）云南黑茶　通称为普洱茶。

（5）广西黑茶　成品有广西六堡茶。

二、再加工茶类

再加工茶包括花茶、紧压茶、萃取茶和速溶茶等，分别具有不同的品味和功效。

图1-40 花茶

（一）花茶

由茶和香花拼和窨制，利用茶叶的吸附性，使茶叶吸收花香而成。这样既保持了纯正的茶香，又兼备鲜花的馥郁香气（图1-40）。花茶主要有茉莉花茶、珠兰花茶、白兰花茶、玫瑰花茶、桂花茶等。

1.茉莉花茶

茉莉花茶为花茶之首，也是产销量最多的品种，产于众多茶区，其中以福建宁德和江苏苏州所产的品质最好。其茶香与茉莉花香交互融合，有着“露华洗出通身白，沈水熏成换骨香”的美誉，更有“窨得茉莉无上味，列作人间第一香”的美誉。

窨制时，将经加工干燥的茶叶（多为烘青绿茶制成茉莉烘青，或用特色名茶如龙井、大方、毛峰等制成特种茉莉花茶）与含苞待放的茉莉花按一定比例拼和。加工时，将茶坯及正在吐香的鲜花一层层地堆放，使茶叶吸收花香；经通花、起花、复火、提花等工序即成，待鲜花的香气被吸尽后，再换新的鲜花按上法窨制。花茶香气的浓淡，取决于所用鲜花的数量和窨制的次数，窨制次数越多，香气越浓。市场上销售的普通花茶一般只经过一两次窨制。根据茶坯的质量，高档的茶坯要窨6 ~ 8次，中档的茶坯窨4 ~ 6次。茉莉大白毫、天山银毫、茉莉苏萌毫为花茶上品，花茶香气浓郁，饮后给人以芬芳开窍的感觉，特别受到我国华北和东北地区人们的喜爱，近年来还远销海外。

花茶窨制过程主要是鲜花吐香和茶坯吸香的过程。茉莉鲜花的吐香是指成熟的茉莉花在酶、温度、水分、氧气等作用下，分解出芳香物质，不断地吐出香气来（图1-41）。茶坯吸香是在物理吸附作用下（图1-42），吸香的同时也吸收大量水分，由于水的渗透作用，产生了化学吸附，在湿热作用下，发生了复杂的化学变化，茶汤从绿逐渐变黄亮，滋味由淡涩转为浓醇，形成花茶特有的香、色、味。

图1-41 茉莉鲜花吐香

图1-42 茶坯吸香

茉莉花茶制作工艺如下。

（1）茶坯处理　复火干燥，通凉冷却。

（2）摊凉　鲜花在运送过程由于装压、呼吸作用产生热量，不易散发，使花温升高，不利于鲜花生理活动，必须迅速摊凉，使其散热降温，恢复生机，促进开放吐香。

（3）筛花　鲜花开放率在60%左右时，即可筛花，筛花的目的是分花大小。

（4）玉兰打底　玉兰打底的目的在于用鲜玉兰“调香”，提高茉莉花茶香味的浓度，“衬托”花香。打底掌握适度，能提高花茶质量。

（5）通花散热　一是散热降温；二是通气给氧，促进鲜花恢复生机，继续吐香；三是散发堆中的二氧化碳和其他气体。

（6）起花　窨制10 ~ 12小时，花将失去生机，茶坯吸收水分和香气达到一定状态时，必须立即进行起花，即用起花机把茶和花分开。

（7）烘焙　烘焙在于排除多余水分，保持适当的水分含量，适应下一工序转窨、提花或装箱。

2.珠兰花茶

珠兰花茶是我国主要的花茶品种，主要产于安徽歙县。此外，福建、广东、浙江、江苏、四川等地也有生产。珠兰花茶选用黄山毛峰、徽州烘青、老竹大方等优质茶为茶坯，加入珠兰或米兰窨制而成。珠兰花香持久，茶叶完全吸附花香需要较长时间。珠兰花茶由于既有兰花的芳香，又有绿茶的鲜爽甘美，因此尤其深受女士的青睐。另外，代代花、玫瑰花、栀子花、玉兰花、桂花、柚子等都曾入茶，作为女性养颜之饮。

（二）紧压茶

明代以前，人们饮用的团饼茶就是茶树鲜叶经蒸青、磨碎，用模子压制成型烘干而成的紧压茶。现代的紧压茶以制成的绿茶、红茶或黑茶的毛茶为原料，以蒸压成圆饼形、正方形、砖块形、圆柱形等形状。其中，以用黑茶制成的紧压茶为大宗。

（三）速溶茶

速溶茶是将成品茶、半成品茶或茶叶鲜叶及其副产品通过提取、过滤、浓缩、干燥等工艺过程加工而成的一种易溶于水而无茶渣的颗粒状、粉状或小片状的新型茶品饮料，具有冲饮携带方便、不含农药残留等优点。我国速溶茶的主要品种有速溶红茶、速溶绿茶等。

第三节　茶叶的保存

一、茶叶变质的因素

茶叶再好，如果储藏不当也很容易变质，如色泽变暗，失去光泽，香气低沉，汤色加深发暗，滋味不鲜爽，甚至有霉陈味等。分析茶叶变质的因素，对茶叶的储存有重要的参考意义。

茶叶变质、陈化的实质是茶叶中与品质相关的因素发生了变化，而影响这种变化的主要是温度、湿度、氧气、光线、异味等（图1-43）。

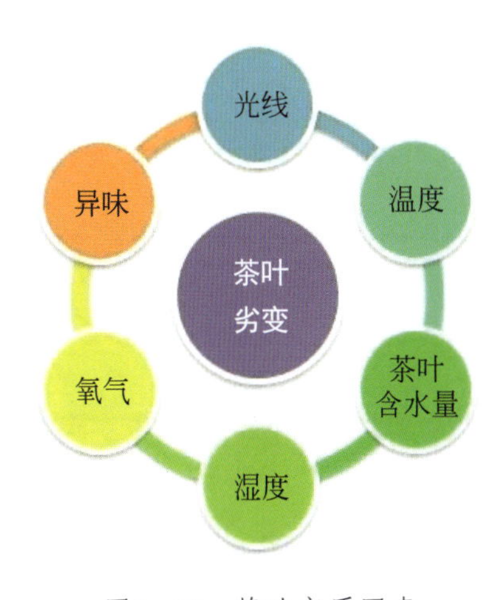

图1-43　茶叶变质因素

（一）温度

温度过高是引起茶叶变质的原因之一。温度愈高，茶多酚等物质的氧化作用愈快。各种实验表明，温度每提高10℃，茶叶色泽褐变的速度加快3 ~ 5倍。储存温度高，变化加快，色香味劣变加剧，温度越低，茶叶劣变速度就会越慢。

以绿茶为例，温度对于绿茶储藏过程中品质的影响是显而易见的。实验研究表明，绿茶在0 ~ 5℃的条件下可储藏一年，茶多酚含量仅减少1.53%，品质评分为86.7；室温储藏的绿茶茶多酚含量减少2.45%，品质评分仅为68.7；25℃ ±2℃储藏表现最差，品质评分为61.5。

（二）湿度

湿度过大也会引起茶叶变质，主要会引起茶叶含水量增大。茶叶中的很多物质都属亲水化合物，非常容易吸收外界的水分还潮，这些成分吸收水分之后，变化速度加快。所以茶叶储存过程中，如果环境中的湿度过大，茶叶含水量将急剧上升，当茶叶含水量超过8%时，茶叶劣变速度加快，甚至会滋生微生物产生霉变。有实验表明，在相同的储藏条件下，红碎茶含水率越低，茶叶劣变越慢，反之越快。

严格来讲，茶叶含水量应控制在5%左右。所以，为了控制茶叶的含水量，也要严格控制储藏环境中的湿度。就绿茶色泽来说，在5℃、相对湿度81%的条件下，茶叶储藏一年，其色泽可达到商业销售的标准；在5℃、相对湿度大于88%的条件下，储藏一年，茶叶不能保绿。因此，茶叶的储存环境一定要保持干燥，如茶叶罐中可选择加入干燥剂或者是生石灰来储存。

（三）氧气

茶叶中儿茶素的自动氧化，维生素C的氧化，残留酶催化的茶多酚氧化以及茶黄素、茶红素的进一步氧化聚合，均与氧存在有关。脂类氧化产生陈味物质也有氧的直接参与和作用。实验表明，在红茶的储藏过程中，不同含氧条件对红茶品质的影响不同。含氧量越高，红茶的品质变化越大。

空气中正常的含氧量为21%，如果能采取措施去除大部分氧气，那么物质的氧化速度将会减慢，品质劣变也会得到控制。因此，实践中常常会通过充氮包装或真空包装等方式来改善茶叶的储存条件。

（四）光线

光是促进某些物质变化的重要因素，能促进植物色素或脂类物质的氧化。脂类物质的光化学反应会产生很多的异味物质，如日晒味、陈味均与此有关。经研究，接受光照（2500lx）后绿茶香气发生变化，发现光使脂肪酸氧化生成了反-2-链烯醛和庚醛，是香气变坏、形成强烈的日晒味的重要原因；对储藏在木盒和透明玻璃瓶中的干茶变质结果进行对比发现，透明玻璃瓶里的干茶变质更快，主要是光化学效应造成的脂类物质的氧化。因此，茶叶储藏过程中应避免光线直接照射，茶叶包装要避免采用全透明或半透明的材料。

（五）异味

储藏环境中的异味物质是引起茶叶劣变的又一重要因素，因为茶叶是一个多孔的疏松体，又含有高分子棕榈酸和萜类化合物，这使茶叶具有吸收气味的特性。因此，茶叶储藏过程中要避免与其他有异味的物质接触。

二、茶叶的保存方法

茶叶的储藏保管以干燥（含水量在6%以下，最好是3%～4%）、冷藏（最好是0℃）、无氧（抽成真空或充氮）、避光（图1-44）保存为最理想。

图1-44　茶叶避光保存

茶/艺

（一）铁、瓷罐的储藏法

茶叶储藏可选用市场上供应的马口铁或是瓷罐（图1-45）作盛器。储存前，检查罐身与罐盖是否密闭，不能漏气。储存时，将干燥的茶叶装罐，罐要装实装严。这种保存方法，虽方便，但不宜长期储存。

图1-45　茶叶瓷罐储藏

（二）热水瓶储藏法

选用保暖性良好的热水瓶作盛具（图1-46），将干燥的茶叶装入瓶内，装实装足，尽可能减少瓶内空气存留量，瓶口用软木塞盖紧，塞缘涂白蜡封口，再裹以胶布。由于瓶内空气少，温度稳定，这种方法保存效果也比较好，且简便易行。

图1-46　热水瓶储藏

（三）陶瓷坛储藏法

选用干燥、无异味、密闭的陶瓷坛一个，用牛皮纸把茶叶包好，分置于坛的四周，中间嵌放石灰袋一只，上面再放茶叶包，装满坛后，用棉花包盖紧（图1-47）。石灰隔一两个月更换一次。这种保存方法利用生石灰的吸湿性能，使茶叶不受潮，效果较好，能在较长时间内保持茶叶的品质。

（四）食品袋储藏法

图1-47　茶叶陶瓷坛储藏

先用洁净无异味的白纸包好茶叶，再包上一张牛皮纸，然后装入一只无孔隙的塑料食品袋内，轻轻挤压，将袋内空气挤出，随即用细软绳子扎紧袋口，再取一只塑料食品袋，反套在第一个袋外面，同样轻轻挤压，将袋内空气挤出，再用绳子扎紧袋口。最后把它放入干燥、无味、密闭的铁筒内。

（五）低温储藏

方法同“食品袋储藏法”，将扎紧袋口的茶叶放在恒温库内。库内温度控制在5℃以下，可储存一年以上。此法特别适宜储藏名茶及茉莉花茶，但需防止茶叶受潮。

（六）充氮保存法

将茶叶装入塑料复合袋，充入氮气，密封袋口，放在避光的地方。

茶叶中各种成分都极易受到湿度、氧气、温度、光线和环境异味的影响而发生变质。因此，包装茶叶时，应该减弱或防止上述因素的影响。

包装中氧气含量过多会导致茶叶中某些成分氧化变质。在包装技术上，可采用充氮包装法或真空包装法来减少氧气的存在。

光线能促进茶叶中叶绿素和脂质等物质的氧化，加速茶叶的陈化，因此，在包装茶叶时，必须遮光以防止叶绿素、脂质等其他成分发生光催化反应。另外，紫外线也是引起茶叶变质的重要因素。解决这类问题可以采用遮光包装技术。

茶叶的香味极易散失，而且容易受到外界异味的影响，因此，包装茶叶时必须避免从包装中逸散出香味以及从外界吸收异味。茶叶的包装材料必须具备一定的阻隔气体性能。

第四节　茶叶的成分与养生保健

一、茶的主要成分

无论是什么茶，从植物学角度讲，它们首先都是茶叶，主要成分是一样的。之所以会有不同的茶叶种类，如红茶、绿茶、黄茶、青茶、白茶、黑茶等，一是由于原料茶树所属的种类略有差别，二是由于加工方法和加工工艺的不同。一般来说，原料和加工方法只会改变茶叶的口感和香气，有时会改变茶叶中的成分。

茶叶中的主要成分及其作用如下。

（一）氨基酸

茶叶中含有多种氨基酸。人体必需的氨基酸有8种，茶叶中就含有6种。茶叶中游离氨基酸丰富，高档茶约为5%，低档茶一般为2%左右。很多氨基酸都是组成人体蛋白质所必需的，如精氨酸、组氨酸、苯丙氨酸、苏氨酸、蛋氨酸、赖氨酸、缬氨酸和亮氨酸等。但由于原料和加工方法不同，其含量差别很大。

（二）生物碱

茶叶里所含的生物碱主要是咖啡碱、茶叶碱、可可碱、腺嘌呤等，其中咖啡碱含量较多。咖啡碱能兴奋中枢神经系统，增强大脑皮层的兴奋过程，帮助人们振奋精神、增进思维、消除疲劳、提高工作效率；能消解烟碱、吗啡等药物的麻醉与毒害；还具有利尿、消浮肿、解酒精毒害、强心解痉、平喘、扩张血管的作用。古人称茶有“益意思”“少眠”“醒酒”“清心”“悦志”等功能，均为咖啡碱的兴奋作用。

（三）酶类

酶是一种蛋白体，酶在茶树生命活动和茶叶加工过程中参与一系列由酶促活动而引起的化学变化，故又被称为生物催化剂。

茶叶中的酶较为复杂，种类很多，包括氧化还原酶、水解酶、裂解酶、磷酸化酶、同工异构酶等几大类。酶蛋白具有一般蛋白质的特性，在高温或低温条件下有易变性、失活的特点。各类酶均有其活性的最适温度范围，一般在30 ~ 50℃范围内酶活性最强。酶若失活、变性，就丧失了催化能力。酶的催化作用具有专一性，如多酚氧化酶，只能使茶多酚物质氧化，聚合成茶多酚的氧化产物茶黄素、茶红素、茶褐素等；蛋白酶只能促使蛋白质分解为氨基酸。

茶叶加工就是利用酶具有的这种特性，用技术手段钝化或激发酶的活性，使其沿着茶类所需的要求发生酶促反应而获得各类茶特有的色、香、味。例如，绿茶加工过程中的杀青就是利用高温钝化酶的活性，在短时间内制止由酶引起的一系列化学变化，形成绿叶绿汤的品质特点；红茶加工过程中的发酵就是激发酶的活性，促使茶多酚物质在多酚氧化酶的催化下发生氧化聚合反应，生成茶黄素、茶红素等氧化产物，形成红叶、红汤的特点。

茶叶的加工过程，实际上就是人为控制酶类的作用，以生产红茶、绿茶等。

（四）茶多酚

茶多酚是茶叶中酚类物质的总称，又称为茶单宁，约占干物质总量的20% ~ 35%。茶多酚对许多病原菌（如痢疾杆菌、大肠杆菌等）的发育有抑制作用，和蛋白质结合起来可防炎止泻。茶多酚对重金属盐及生物碱中毒又是抗解剂。我国古代医学认为茶能够“治热毒赤白疾”“破热气，除瘴气，利大小肠”，均来自茶多酚的作用。茶多酚能保持毛细管的正常抵抗力，增加毛细血管的弹性，因此，对治疗糖尿病、高血压均有理想的效果。茶多酚中的儿茶素类化合物还能防止血液和肝脏中的胆固醇以及中性脂肪的储积，对动脉硬化和肝脏硬化有预防作用。同时，儿茶素类化合物有对人体机能调节的功能，还被认为对抗放射性物质有一定效果，利于造血功能的恢复，能明显提高白细胞的总数，增强身体的抵抗力，具有抗癌及抗突变作用。另外，其还可活血化瘀，促进血液中纤维蛋白原的溶解，防止血栓形成，有减肥健美作用。古代中医认为茶能“治头痛”“舒郁解闷”“消肥”“去腻”“去人脂”“轻身”“令人瘦”等，均为儿茶素的作用。因此，茶叶具有消除有害自由基、抗衰老、抗辐射、抑制癌细胞、抗菌杀菌、预防“三高”（高血压、高血脂、高血糖）、减肥健体等功效。

（五）芳香物质

茶叶中的芳香物质是对茶叶中挥发性物质的总称。在茶叶化学成分的总含量中，芳香物质含量并不多，一般鲜叶中含0.02%，绿茶中含0.005% ~ 0.02%，红茶中含0.01% ~ 0.03%。

茶叶中芳香物质的含量虽不多，但其种类却很复杂。据分析，通常茶叶含有的香气成分化合物达300多种，鲜叶中香气成分化合物为50种左右；绿茶香气成分化合物达100种以上；红茶香气成分化合物达300种之多。组成茶叶芳香物质的主要成分有醇、酚、醛、酮、酸、酯、内酯类、含氮化合物、含硫化合物、碳氢化合物、氧化物等。鲜叶中的芳香物质以醇类化合物为主，低沸点的青叶醇具有强烈的青草气，高沸点的沉香醇、苯乙醇等具有清香、花香等特性。成品绿茶的芳香物质以醇类和吡嗪类的香气成分含量较多，吡嗪类香气成分多在绿茶加工的烘炒过程中形成。红茶香气成分以醇类、醛类、酮类、酯类等香气化合物为主，它们多是在红茶加工过程中氧化而成的。

（六）类脂类

茶叶中的类脂类物质包括脂肪、磷脂、甘油酯、糖脂和硫脂等，含量占干物质总量的8%左右。茶叶中的类脂类物质对形成茶叶香气有着积极作用。类脂类物质在茶树体的原生质中，对进入细胞的物质渗透起着调节作用。

（七）糖类

茶叶中的糖类包括单糖、双糖和多糖，其含量占干物质总量的20% ~ 25%。单糖和双糖又称可溶性糖，易溶于水，含量为0.8% ~ 4%，是形成茶叶滋味的物质之一。茶叶中的多糖包括淀粉、纤维素、半纤维素和木质素等物质，含量占茶叶干物质总量的20%以上。茶叶多糖复合物是一种酸性糖蛋白，并结合有大量的矿物质，其含量随茶叶原料的老化而增多。多糖不溶于水，是衡量茶叶老嫩度的重要成分之一。茶叶嫩度低，多糖含量高；嫩度高，多糖含量低。茶多糖还具有降血糖、降血脂、防辐射、抗凝血及血栓、增强免疫力等功效。

（八）有机酸

茶叶中有机酸种类较多，含量为干物质的3%左右。茶叶中的有机酸多为游离有机酸，如苹果酸、柠檬酸、琥珀酸、草酸等。在制茶过程中形成的有机酸有棕榈酸、亚油酸、乙烯酸等。茶叶中的有机酸是香气的主要成分之一，现已发现茶叶香气成分中有机酸的种类达25种，有些有机酸本身虽无香气，但经氧化后转化为香气成分，如亚油酸等；有些有机酸是香气成分的良好吸附剂，如棕榈酸等。

（九）色素

茶叶中的色素包括脂溶性色素和水溶性色素，含量仅占茶叶干物质总量的1%左右。

脂溶性色素不溶于水，主要有叶绿素、叶黄素、胡萝卜素等。水溶性色素有黄酮类物质、花青素及茶多酚氧化产物茶黄素、茶红素和茶褐素等。脂溶性色素是形成干茶色泽和叶底色泽的主要成分，尤其是绿茶的黄绿色，主要取决于叶绿素的总含量与叶绿素a和叶绿素b的组成比例。叶绿素a是深绿色，叶绿素b呈黄绿色，幼嫩芽叶中叶绿素b含量较高，所以多呈嫩黄或嫩绿色。

（十）维生素

茶叶中含有丰富的维生素，维生素分水溶性和脂溶性两类。水溶性维生素有维生素C、维生素B_1、维生素B_2、维生素B_3、维生素B_5、维生素B_{11}、维生素P和肌醇等。脂溶性维生素有维生素A、维生素D、维生素E和维生素K等，维生素A含量较多。脂溶性维生素不溶于水，饮茶时不能被直接吸收。

维生素A可维持上皮组织正常机能，防止角质化，预防夜盲症、白内障，有抗癌作用。B族维生素的功效很多：可维持神经系统、消化系统和心脏的正常功能，参与人体氧化还原反应，维持视网膜的正常机制，加强人体脂肪代谢的功能，参与磷酸代谢储藏过程，对预防肝硬化、动脉硬化、脂肪肝、胆固醇过高有效果。维生素C是一种氧化剂，在人体内参与糖的代谢及氧化还原过程，广泛应用于增加机体对传染病的抵抗，可提高机体对工业化学毒物的抵抗力，还具有解毒、抗癌、抗辐射及促进创口愈合的功能。维生素E具有防衰老、抗肿瘤、抑制动脉粥样硬化、平衡脂质代谢功能。维生素K具有降血压、强化血管的功效。维生素U有预防消化道溃疡的功效。茶叶中的维生素含量很丰富，所以自古以来人们就把茶作为一种养生饮料。可见，人们通过饮用绿茶可以吸取一定的营养成分。

（十一）无机化合物

茶叶中无机化合物占干物质总量的3.5% ~ 7.0%，分为水溶性和水不溶性两部分。这些无机化合物经高温灼烧后的无机物质称为“灰分”。茶叶灰分（茶叶经550℃灼烧灰化后的残留物）中主要是矿物质元素及其氧化物，其中含有大量的氮、磷、钾、钙、钠、镁、硫等，其他元素含量很少，称微量元素。灰分中能溶于水的部分称为水溶性灰分，占总灰分的50% ~ 60%。水溶性灰分是检验茶叶品质的指标之一。嫩度好的茶叶水溶性灰分较高。

茶叶中含有几十种矿物质元素。含量较多的有钾，人体细胞不能缺钾，夏天出汗过多，易引起缺钾，饮茶是补充钾的理想方法。另外还有磷、钠、硫、钙、镁、锰、铅等，微量元素有铜、锌、钼、镍、硼、硒、氟等，这些元素大部分是人体所必需的。矿物质元素对人体内某些激素的合成，能量转换，人类的生殖、生长、发育，大脑的思维与记忆，生物氧化，酶的激活，信息的传导等都起着重大的作用。如氟对牙齿的保健有益，对于低氟地区来说，喝茶可作为补充氟的重要来源。铁是血液中交换和输送氧气所必需的一种元素。铜是人体氧化还原体系中的催化剂，同时还和骨骼形成、脑功能有关，并能调节心律失常。缺锌会引起人体生长停滞、智力低下、贫血、糖尿病和慢性胃炎，还会影响脑、心、胰、甲状腺的正常发育。另外，锌还有防衰老的功效。硒对预防人体心血管疾病和癌症有一定作用。临床上常见各种癌症都有缺锌、铜、锰、钼的倾向。

二、茶叶的呈味因素

茶叶中主要的呈味成分归纳起来大致分为几类，即刺激性涩味物质、苦味物质、鲜爽味物质、甜味物质、酸味物质等。

涩味物质主要是多酚类和黄酮类。

构成茶叶苦味的成分主要有咖啡碱、花青素和茶皂素，而儿茶素、黄酮类等是既呈涩味又具有苦味的物质，茶的苦味与涩味总是相伴而生，二者的协同作用主导了茶叶的呈味特性。

茶的鲜爽味物质主要有游离氨基酸类及茶黄素、氨基酸、儿茶素与咖啡碱形成的络合物。

甜味不是茶汤的主味，但甜味能在一定程度上削弱茶的苦涩味。茶叶中具有甜味的物质很多，如醇类、糖类及其衍生物、醛类、酰胺类和某些氨基酸等。

茶叶中带酸味的物质主要有部分氨基酸、有机酸、抗坏血酸、没食子酸、茶黄素及茶黄酸等。

总之，鲜叶嫩度不同，茶叶中主要的呈味成分含量也是不同的。

（一）儿茶多酚类

鲜叶嫩度不同，儿茶多酚类含量差别很大，总量随着成熟老化渐次降低。季节不同，也有差异，一般夏、暑茶儿茶多酚类的含量比春、秋茶高，夏茶的儿茶多酚类含量最高，春茶的儿茶多酚类含量最低。儿茶多酚类含量及其组成与制茶品质的关系很密切，一般来说，儿茶多酚类含量较多，茶汤滋味较浓、较涩。因此，茶叶越嫩会越涩，夏、暑茶会比春、秋茶涩。

（二）咖啡碱、花青素及茶皂素

鲜叶中咖啡碱、花青素、茶皂素含量（相对含量）随着新梢生长而降低。梗比叶子含量低，嫩叶比老叶含量高。不同的季节含量也不同，一般夏、暑茶的咖啡碱、花青素、茶皂素的含量比春、秋茶高。咖啡碱、花青素、茶皂素含量较多，茶汤滋味较浓烈、较苦。因此，茶叶越嫩会越苦，夏、暑茶会比春、秋茶苦。

（三）氨基酸

不同嫩度的鲜叶氨基酸含量也不同，一般是嫩的含量比老的多。不同的季节含量也不同，一般来说，春茶比夏茶含量高。因此，比较嫩的茶叶、春茶，在口感上更清鲜、醇厚，过喉更加甘爽。

（四）醇类及糖类

醇类、糖类的含量都随着茶叶成熟老化而增加。

茶叶的色、香、味品质是鲜叶含有的多种化学成分及其变化产物的综合反映。茶叶品质的优劣，首先取决于鲜叶内含有效化学成分的多寡及其配比。制茶的任务只是控制条件促进鲜叶内含成分向有利于茶叶品质的形成发展。茶叶作为饮料，它的饮用价值主要体现于溶解在茶汤中对人体有益物质含量的多少及呈味物质组成配比是否适合于消费者的要求。

三、茶养生保健

我国是茶叶的故乡，是世界茶文化的发祥地。纵观全球茶业，追根溯源，无论茶树资源、种植技术、栽培方法、加工工艺乃至品饮习俗，无一不是源于我国的。我国的茶，种植之广、茶类之多、品种之繁、茶功之神、茶道之玄妙、茶艺之精湛、茶史之沉积厚重、茶文化之博大精深都是独步天下的。唐代著名医学家陈藏器在《本草拾遗》中写道："诸药为各病之药，茶为万病之药。""茶圣"陆羽在《茶经》中说："茶之为用，味至寒，为饮最宜精行俭德之人；若热渴、凝闷、脑疼、目涩、四肢乏、百节不舒，聊四五啜，可与醍醐、甘露抗衡也。"又在风炉足上刻有"体均五行祛百疾"之字句，足以显示我国茶文化之博大精深，以茶养身传统之久远。

传统中医理论认为：天有五行，地有五方，年分五季，人有五脏，顺应天地自然的变化应时择养，使之生生不息。无独有偶，我国所产之茶共六类，按加工工艺可分为五色：绿茶、红茶、黄茶、白茶、黑茶。应五时而养，循五脏而补。这是我国劳动人民几千年来在对宇宙的探索中世代积累的生活经验和智慧结晶。明朝医药家李时珍在《本草纲目》“茗（茶）”一节中写道：“茶苦而寒，阴中之阴，沉也降也，最能降火。火为百病，火降则上清矣。然火有五，火有虚实。若少壮胃健之人，心肺脾胃之火多盛，故与茶相宜，温饮则火因寒气而下降，热饮则茶借火气而升散，又兼解酒食之毒，使人神思恺爽，不昏不睡，此茶之功也。”

在北方，一些老茶人们通常所说的“茶通金木水火土，功贯肝心脾肺肾”，其实就已经表明了我国劳动人民有着足够丰厚的以茶养生的历史、传统和经验。为深入解析与理解，首先，我们要对五行作用于人体的对应关系有充分的认识和了解。万物皆在五行之中，如果了解了五行和人体的对应关系，也就了解了茶道养生的真谛（参照表1-1）。

表1-1　五行与人体的关系表

五行	木	火	土	金	水
五脏	肝	心	脾	肺	肾
五腑	胆	小肠	胃	大肠	膀胱
五官	目	舌	口	鼻	耳、二阴
五体	筋	脉	肉	皮毛	骨
五液	泪	汗	涎	涕	唾
五志	怒	喜	思	悲、忧	惊、恐
五声	呼	笑	歌	哭	呻
五色	青	赤	黄	白	黑
五味	酸	苦	甘	辛	咸
五气	风	热	湿	燥	寒
五时	春	夏	长夏	秋	冬
五位	东	南	中	西	北
五化	生	长	化	收	藏

春季：化者为生，在气为风，五行属木，五脏主肝，在色为绿。春天是万物生发的季节，人体经过了一个冬季的收藏闭合，积蓄在体内的寒邪之气此时需“当春乃发”。多数人因肝阳上亢而引发疾病。因而要饮花茶及香气高锐的绿茶。花茶气味芬芳，清香爽口，有芳香开窍之功，故能使肝气疏解，助阳气生发。绿茶可提神醒脑，愉悦情趣，令人少眠，清心悦志。现代医学研究表明：绿茶中存在的茶氨酸在人体肝脏内的分解物乙胺，能调动T细胞产生干扰素，

预防多种传染性疾病。中医营养学认为：春天喝绿茶以色补色，可疏风清热，平肝明目，消炎去火，消肿止痛。

老一辈革命家朱德，当年在庐山品茶，就曾为庐山云雾茶题诗："庐山云雾茶，味浓性泼辣，若得长时饮，延年益寿法。"

夏季：化者为"长"，在气为暑，五行属火，五脏主心，在色为红。夏天是草木茂盛的季节，天地之气相交，万物茁壮成长。骄阳似火，昼长夜短，人体津液消耗甚大，气血多有不足，心悸气短，心烦胸闷，是身体应季之表象。此时当以红茶冷饮为好，红茶性温，不与季节抗令，冷饮可降体温、消暑气、提神、强心、养血生津。现代医学研究表明：夏季多喝红茶可改善血液质量，存在于红茶中的茶黄素可降低血液中的低密度脂蛋白胆固醇，并同时提升高密度脂蛋白胆固醇。

长夏：是五季之中一个小季，小暑至立秋三十天左右。此季湿气当令，是植物化花为果之时，五行属土，有万物长养之功，在五脏为脾。主司水谷精微之运化，故在色为黄。脾土受心阳温煦故能制水，若为湿热所困，则因土不制水而致脾湿便溏，易引发厌食腹胀及胃肠疾病。此季宜饮黄茶，以温心阳而固脾土。《红楼梦》第四十一回就有妙玉沏老君眉茶为贾母治酒肉伤脾胃停食的记载，而那老君眉茶就是出自湖南岳阳的黄茶——君山银针。另有福建永春一带所产的佛手乌龙陈放数年亦有开胃健脾之功。山区茶农以茶为药的事例，比比皆是。

秋季：化者为收，其气为燥，五行属金，五脏主肺，在色为白。秋季是自然界万物肃杀，百叶凋零的季节，使人有口干舌燥、咽干口苦之感，最易引发呼吸系统疾病。此季应喝乌龙茶、白茶，乌龙茶与秋白梨煮水可治气管炎、咳嗽等症；白茶则对呼吸道感染、咽炎、鼻炎、皮疹、荨麻疹、便秘、糖尿病等症疗效显著。尤其女性要健美塑身、美容养颜，饮白茶当推首选。中医认为"肺属金，在色为白，开窍于鼻，主皮毛，与大肠相表里"，而白茶性凉，主肃降，故能降火，清肠排毒，利尿、通便养颜，更能提高人体免疫力。近年美国有研究表明：白茶防治癌症的功效是绿茶的五倍。我国白茶在美国价逾千金尚难求之。在我国北方地区，白茶煮冰糖可治感冒。

冬季：化者为藏，在气为寒，五行属水，五脏主肾，在色为黑。冬季，天地之气闭藏，江河湖水冰封，阳气渐消，万物蛰伏。人体对能量及养分的需求较平时要高，肾脏需藏精越冬，因而，多食少动易积食蓄肉，令人生病。此时应多喝普洱茶、红茶、六堡茶之类的温性茶，以温蓄阳气，健胃、暖腹、清脂、通便。中医讲“阴平阳秘其身乃健”，其前提是“三通、一平”，三通者即便通、气通、血通。而普洱茶的保肝健胃、消脂通便之功是诸茶所不及的。长期患有习惯性便秘的人坚持每天早起空腹饮一杯隔夜的熟普洱茶，一周即可见效。所以冬季通便实乃养生之大事。便通气才通，气通血才动，血为气之母，气为血之帅，气血调和才能阴平阳秘。冬季养生当首推黑茶，保肾养精，以色补色。清代赵学敏《本草纲目拾遗》中载：“普洱茶膏能治百病，如肚胀受寒，用（茶膏）姜汤发散，出汗即愈；口破喉颡，受热疼痛，用（茶膏）五分噙口，过夜即愈；受暑擦破皮血者，研敷立愈。”可见黑茶冬令养生，真的是一种简单易行且经济适用的良方。

鲁迅先生说过：“有好茶喝，会喝好茶，是一种清福。要想享这种清福，一要有工夫，其次是靠练出来的感觉。”时令健康茶饮，会喝好茶。

第二章　品茶——浅酌慢品任尘世浮华

第一节　绿茶品鉴

一、西湖龙井

西湖龙井属于炒青绿茶，我国十大名茶之一。产于浙江省杭州市西湖龙井村周围群山，产区包括传统的“狮（峰）、龙（井）、云（栖）、虎（跑）、梅（家坞）”五大核心产区。西湖龙井以“色翠、香郁、味甘、形美”四绝著称于世，素有“国茶”之称。

干茶：外形扁平挺直，壮如碗钉，绿中透黄似糙米色（图2-1）。

汤色：嫩绿、明亮（图2-2）。

滋味：甘鲜醇和。

香气：清高持久，炒豆香或兰花豆香。

叶底：色泽黄绿，细嫩成朵（图2-3）。

图2-1　西湖龙井干茶

图2-2　西湖龙井汤色

图2-3　西湖龙井叶底

茶性：性寒。

功效：提神、生津止渴、抗氧化、抗肿瘤、降低血液中低密度脂蛋白胆固醇含量、抑制血压上升、抑制血小板凝集、抗菌、抗过敏等。

茶具搭配：建议采用高玻璃杯冲泡。

冲泡经验：需将开水凉至80℃后冲泡龙井，并采用下投法（下投法：先入茶，后入水的方法）冲泡。冲泡时，忌用杯盖盖住杯口，以免闷熟茶叶，影响滋味和口感。

茶故事

传说乾隆皇帝下江南时，来到杭州龙井狮峰山下，看乡女采茶，以示体察民情。这天，乾隆皇帝看见几个乡女正在十多棵绿茵茵的茶树前采茶，心中一乐，也学着采了起来。刚采了一把，忽然太监来报："太后有病，请皇上急速回京。"乾隆皇帝听说太后娘娘有病，随手将一把茶叶向袋内一放，日夜兼程赶回京城。其实太后只因山珍海味吃多了，一时肝火上升，双眼红肿，胃里不适，并没有大病。此时见皇儿来到，只觉一股清香传来，便问带来什么好东西。皇帝也觉得奇怪，哪来的清香呢？他随手一摸，啊，原来是在杭州狮峰山采的一把茶叶，几天过后茶叶已经干了，浓郁的香气就是它散出来的。太后便想尝尝茶叶的味道，宫女将茶泡好后送到太后面前，果然清香扑鼻，太后喝了一口，双眼顿时舒适多了，喝完了茶，红肿消了，胃不胀了。太后高兴地说："杭州龙井的茶叶，真是灵丹妙药。"乾隆皇帝见太后这么高兴，立即传令下去，将杭州龙井狮峰山下胡公庙前那十八棵茶树封为御茶，每年采摘新茶，专门进贡太后。至今，杭州龙井村胡公庙前还保存着这十八棵御茶，到杭州的旅游者中有不少还专程去探访一番，拍照留念。

二、碧螺春

碧螺春属于炒青绿茶，我国十大名茶之一。产于江苏省太湖的东洞庭山及西洞庭山（今苏州吴中区）一带，所以又称"洞庭碧螺春"。当地民间最早叫洞庭茶，又叫吓煞人香。到了清代康熙年间，康熙皇帝视察时品尝了这种汤色碧绿、卷曲如螺的名茶，倍加赞赏，但觉得"吓煞人香"其名不雅，又在春季采制，于是题名"碧螺春"。有一嫩（芽叶嫩）三鲜（色、香、味）之称，是我国名茶中的珍品，以"形美、色艳、香浓、味醇"而闻名中外。

干茶：条索纤细紧结，色泽银绿隐翠，满披白毫，卷曲成螺（图2-4）。

汤色：浅绿、清亮（图2-5）。

滋味：鲜美甘甜。

香气：花和水果的清香。

叶底：色泽翠绿，细嫩柔软（图2-6）。

茶性：性寒。

图2-4　碧螺春干茶

图2-5　碧螺春汤色

图2-6　碧螺春叶底

功效：软化血管、强心解痉、抑制动脉硬化、清咽解酒、降脂减肥、防辐射等。

茶具搭配：建议采用高玻璃杯冲泡。

冲泡经验：碧螺春比较细嫩，需将开水凉至70 ~ 80℃后冲泡，并采用上投法。否则，茶叶被烫伤，成为烂叶，影响滋味和口感。

茶故事

相传很早以前，西洞庭山上住着一位名叫碧螺的姑娘，东洞庭山上住着一位名叫阿祥的小伙子，两人在心里深深相爱着。有一年，太湖中出现一条凶恶残暴的恶龙，扬言要碧螺姑娘，阿祥决心与恶龙决一死战。一天晚上，阿祥操起渔叉，潜到西洞庭山同恶龙搏斗，斗了七天七夜，双方都筋疲力尽，最后阿祥昏倒在血泊中。碧螺姑娘为了报答阿祥救命之恩，亲自照料阿祥。可是阿祥的伤势一天天恶化。一天，姑娘找草药来到了阿祥与恶龙搏斗的地方，忽然看到一棵小茶树长得特别好，心想：这可是阿祥与恶龙搏斗的见证，应该把它培育好。

至清明前后，小茶树长出了嫩绿的芽叶，碧螺采摘了一把嫩梢，回家泡给阿祥喝。说也奇怪，阿祥喝了这茶，病居然一天天好起来了。阿祥得救了，姑娘心上沉重的石头也落了地。就在两人陶醉在爱情的幸福之中时，碧螺的身体再也支撑不住，她倒在阿祥怀里，再也睁不开双眼了。阿祥悲痛欲绝，就把姑娘埋在洞庭山的茶树旁。从此，他努力培育茶树，采制名茶。"从来佳茗似佳人"，为了纪念碧螺姑娘，人们就把这种名贵茶叶取名为"碧螺春"。

三、黄山毛峰

黄山毛峰属于烘青绿茶，我国十大名茶之一。产于安徽省黄山（徽州）一带。由清代光绪年间谢裕大茶庄所创制。由于新制茶叶白毫披身，芽尖有锋芒，且鲜叶采自黄山高峰，遂将该茶取名为黄山毛峰。黄山毛峰以"香高、味纯、汤清、色润"被誉为茶中精品。

干茶：外形微卷，状似雀舌，绿中泛黄，银毫显露，且带有金黄色鱼叶（俗称黄金片）（图2-7）。

汤色：清澈、明亮，呈杏黄色（图2-8）。

滋味：鲜浓爽口，醇厚甘甜。

香气：清香高长。

叶底：嫩绿带黄，匀嫩成朵（图2-9）。

图2-7　黄山毛峰干茶

图2-8　黄山毛峰汤色

图2-9　黄山毛峰叶底

茶性：性寒。

功效：提神醒脑、强心解痉、抑制动脉硬化、利尿、抗菌、抑菌、减肥、防龋齿、抑制癌细胞、美容护肤、延缓衰老、防辐射等。

茶具搭配：建议采用高玻璃杯或青花盖碗冲泡。

冲泡经验：黄山毛峰冲泡，水温80℃左右适宜，并采用中投法（中投法：先入1/3水，投茶，润茶后再入水的方法）。

茶故事

明朝天启年间，江南黟县新任县官熊开元带书童来黄山春游，迷了路，遇到一位腰挎竹篓的老和尚，便借宿于寺院中。长老泡茶敬客时，知县细看这茶叶色微黄，形似雀舌，身披白毫，开水冲泡下去，只见热气绕碗边转了一圈，转到碗中心就直线升腾，然后在空中转一圆圈，化成一朵白莲花。那白莲花又慢慢上升化成一团云雾，最后散成一缕缕热气飘荡开来，清香满室。知县问后方知此茶名叫黄山毛峰，临别时长老赠送此茶一包和黄山泉水一葫芦，并叮嘱一定要用此泉水冲泡才能出现白莲奇景。熊知县回县衙后正遇同窗旧友太平知县来访，便将冲泡黄山毛峰表演了一番。太平知县甚是惊喜，后来到京城禀奏皇上，想献仙茶邀功请赏。皇帝传令进宫表演，然而不见白莲奇景出现，皇上大怒，太平知县只得据实说这是黟县知县熊开元所献。皇帝立即传令熊开元进宫受审，熊开元进宫后方知未用黄山泉水冲泡之故，讲明缘由后请求回黄山取水。熊知县来到黄山拜见长老，长老将山泉交予他。在皇帝面前再次冲泡玉杯中的黄山毛峰，果然出现了白莲奇观。皇帝看得眉开眼笑，便对熊知县说道：“朕念你献茶有功，升你为江南巡抚，三日后就上任去吧。”熊知县心中感慨万千，暗忖道：“黄山名茶尚且品质清高，何况为人呢？”于是脱下官服玉带，来到黄山云谷寺出家做了和尚，法名正志。如今在苍松入云、修竹夹道的云谷寺下的路旁，有一檗庵大师墓塔，相传就是正志和尚的坟墓。

四、六安瓜片

图2-10　六安瓜片干茶

六安瓜片属于炒青、烘青相结合的绿茶，我国十大名茶之一，简称瓜片、片茶。产自安徽省六安市大别山一带，唐称“庐州六安茶”，为名茶；明始称“六安瓜片”，为上品、极品茶；清为朝廷贡茶。六安瓜片具有悠久的历史底蕴和丰厚的文化内涵。在世界所有茶叶中，六安瓜片是唯一无芽无梗的茶叶，由单片生叶制成。

图2-11　六安瓜片汤色

干茶：叶缘向背面翻卷，呈瓜子形，单片不带梗芽，色泽宝绿，起润有霜（图2-10）。

汤色：清澈、嫩绿（图2-11）。

滋味：醇厚回甘。

香气：香气清高，鲜爽醇厚。

叶底：嫩绿柔软（图2-12）。

图2-12　六安瓜片叶底

茶性：性寒。

功效：清心明目，提神消乏，且具有消食、解毒、美容、去疲劳的功效，还能够改善消化不良。

茶具搭配：建议采用盖碗或高玻璃杯冲泡。

冲泡经验：六安瓜片冲泡，水温80 ~ 90℃适宜，并采用下投法。

茶故事

麻埠附近的祝家楼财主与袁世凯是亲戚，祝家常以土产孝敬。袁世凯饮茶成癖，茶叶自是不可缺少的礼物。但其时当地所产的大茶、菊花茶、毛尖等，均不能使袁世凯满意。1905年前后，祝家为取悦袁世凯，不惜工本，在后冲雇用当地有经验的茶工，专拣春茶的第

1～2片嫩叶，用小帚精心炒制，炭火烘焙，所制新茶形质俱丽，获得袁世凯的赞赏。此时，瓜片脱颖而出，色、香、味、形别具一格，故日益博得饮品者的喜嗜，逐渐发展成为全国名茶。

五、太平猴魁

太平猴魁属于烘青绿茶，我国历史名茶之一。产于安徽太平县（现改为黄山市黄山区）一带，为尖茶之极品，久享盛名。太平猴魁有“猴魁两头尖，不散不翘不卷边”的美名。太平猴魁为我国“尖茶之冠”，其色、香、味、形独具一格，品其滋味，醇厚爽口，可体会出“头泡香高，二泡味浓，三泡、四泡幽香犹存”的意境，有独特的“猴韵”。

干茶：扁平挺直，两叶一芽，舒展如兰花，魁伟重实，叶片长达5～7厘米（图2-13）。

汤色：清绿、明净（图2-14）。

滋味：甘醇爽口，有独特的“猴韵”。

香气：香气高爽持久，有兰花香。

叶底：芽叶舒展成朵，嫩绿匀亮（图2-15）。

图2-13　太平猴魁干茶

图2-14　太平猴魁汤色

图2-15　太平猴魁叶底

茶性：性寒。

功效：提神醒脑、强心解痉、抑制动脉硬化、利尿、抗菌、抑菌、减肥、防龋齿、抑制癌细胞、美容护肤等。

茶具搭配：建议采用宽口高筒玻璃杯冲泡。

冲泡经验：太平猴魁冲泡，水温80℃左右适宜，并采用下投法。

茶故事

安徽省太平县猴坑地方生产一种猴魁茶。传说古时候，在黄山居住着一对白毛猴，生下一只小毛猴。有一天，小毛猴独自外出玩耍，来到太平县，遇上大雾，迷失了方向，没有再回到黄山。老猴立即出门寻找，几天后，由于寻子心切，劳累过度，老猴病死在太平县的一个山坑里。山坑里住着一个老汉，以采野茶与药材为生，他心地善良，当发现这只病死的老猴时，就将它埋在山岗上，并移来几棵野茶和山花栽在老猴墓旁，正要离开时，忽听有说话声："老伯，你为我做了好事，我一定感谢您。"但不见人影，这事老汉也没放在心上。第二年春天，老汉又来到山岗采野茶，发现整个山岗都长满了绿油油的茶树。老汉正在纳闷时，忽听有声音对他说："这些茶树是我送给您的，您好好栽培，今后就不愁吃穿了。"这时老汉才醒悟过来，这些茶树是神猴所赐。从此，老汉有了一块很好的茶山，再也不需翻山越岭去采野茶了。为了纪念神猴，老汉就把这片山岗叫作猴岗，把自己住的山坑叫作猴坑，把从猴岗采制的茶叶叫作猴茶。由于猴茶品质超群，堪称魁首，后来就将此茶取名为太平猴魁了。

第二节　红茶品鉴

一、正山小种

正山小种属小种红茶，产地在福建省武夷山市，受原产地保护。正山小种是世界上最早的红茶，亦称红茶鼻祖。茶叶是用松针或松柴熏制而成，呈灰黑色，但茶汤为琥珀色。正山小种有着非常浓烈的香味。

干茶：色泽乌润，条索紧结匀齐（图2-16）。

汤色：橙黄、清明（图2-17）。

滋味：醇厚回甘。

香气：松烟香、桂圆香。

叶底：肥厚红亮（图2-18）。

茶性：性温。

功效：生津清热、利尿、消炎杀菌、解毒、提神消疲、养胃、抗癌等。

茶具搭配：建议采用白瓷壶或白瓷杯套具，以衬托红茶汤色的红艳。

图2-16　正山小种干茶

图2-17　正山小种汤色

图2-18　正山小种叶底

冲泡经验：正山小种冲泡，建议依据茶品老嫩程度采用85℃以上的水。适合清饮，以追求红茶本身的香气和滋味。

茶故事

相传，武夷山星村桐乡的江墩，地处海拔1500米左右。这里的乡民祖祖辈辈都制作茶或经营茶业。明末的某年，一支军队路过江墩，士兵们睡在茶青上，等军队离开后，茶青已经开始不同程度地发酵。于是，村民们赶紧将茶青用当地的马尾松烘干，这种带有马尾松特有的松脂香味的茶，并没有受到人们的喜爱，因为当时人们都习惯饮绿茶。于是，村民们便将茶挑到星村去出售。当时，星村是茶叶的一个集散地，这种茶出售后的第二年，便被人高价订购。于是，这种发酵红茶开始受到人们的关注，并得到了迅速发展。

二、祁门红茶

祁门红茶简称祁红，属于工夫红茶，是我国历史名茶，著名红茶精品。产于安徽省祁门、东至、贵池（今池州市）、石台、黟县，以及江西的浮梁一带。祁门红茶由安徽茶农创制于光绪年间，但史籍记载最早可追溯至唐朝陆羽的《茶经》。“祁红特绝群芳最，清誉高香不二门。”祁门红茶是红茶中的极品，享有盛誉，高香美誉，香名远播，美称“群芳最”“红茶皇后”。

干茶：条索紧细纤秀，色泽乌润，俗称“宝光色”（图2–19）。

汤色：红艳、明亮（图2–20）。

滋味：醇和鲜爽。

香气：馥郁持久，清芳，具有蜜糖香。

叶底：细嫩柔软，红艳、明亮（图2–21）。

图2-19　祁门红茶干茶

图2-20　祁门红茶汤色

图2-21　祁门红茶叶底

茶性：性温。

功效：生津清热、利尿、消炎杀菌、解毒、提神消疲、防龋齿、健胃整肠助消化、延缓衰老、降血糖、降血压、降血脂、抗癌、抗辐射等。

茶具搭配：建议采用白瓷壶、紫砂壶及玻璃壶。

冲泡经验：祁门红茶冲泡，茶和水的比例在1 ∶ 50左右，泡茶的水温在90 ~ 95℃。

茶故事

远古的时候，神农氏尝百草，在奇山找到了一种有提神醒脑功效的树叶，可称得上是奇宝了。一天，天宫王母娘娘得到消息，便派天将来请神农上天献宝。神农来到天宫，将该树叶泡水给玉帝和王母娘娘喝，一杯汁水清香无比，饮了生津止渴。本来一个个恹恹思睡，现在却精神抖擞。玉帝连连称赞说："这真是奇宝嘛，产在哪里？"神农氏说："产在奇山奇门。"玉帝听了，连连点头，心里有数。待神农氏一走，他就命天将下去找奇山，寻"奇宝"了。

神农氏从天上下来，便想到要把奇宝交给最聪明、最勤劳的人去种，才能不被天上夺去。于是，他就各处游走，寻找合适的种宝人。有一天，他来到江南。这天旭日刚升，红霞满天。神农氏碰到一对青年夫妇，正在田中做活。神农氏便上前问道："这里可有奇山？"小媳妇手指眼前连绵不断的群山说："眼前就有旗山、骑山、齐山、奇山。"神农氏一听觉得这小女子是个机灵人，便说："好，我把'奇宝'给你俩种植在这里吧。"小两口高兴地说："太谢谢您了。"神农氏又说："还有一句话，你俩要记住，奇宝种在山里头，有智种得树满坡。"说罢，把"奇宝"交给小两口，径自走了。小两口打开一看，原来"奇宝"是些树木种子。后来小两口深翻祁山坡土，把种子种了下去。

第二年，绿油油的树苗出土了，长势良好，不久，就开花结实了。小伙子把种子采下来，妻子在旁数数，刚好三十三颗。众人听说"奇宝"结果子，都来讨。小两口都发给大家，很快就被讨完了，迟来的人就没有了。夫妻俩通情达理，怎能让乡亲白跑一趟呢？妻子想了想，便想个办法，她从树上采些嫩叶，揉了揉，又渥了渥，结果树叶变红了，将变红的叶子烘干，煮了水给乡亲们喝。人们喝着这红汤水，觉得清香无比，提神解疲，高兴地连连称赞："真是奇宝！"于是将一包包烘干的树叶分发给大家，大家都称它为"红奇宝"，并把小两口住的地方称为奇山，他俩的家被称为"奇门"。

忽然有一天，有两个人来到他们的家门口，向小两口问道："大哥，大嫂，你们这里可叫奇山，你俩的家门可叫奇门？"小伙子正要回答，却让妻子从后面一拽衣襟，打断了。妻子想到神农氏的"有智种得树满坡"的话，便接过话茬说："二位先生从哪儿来，要干何事？"来人说："我俩是天上神将，奉玉帝旨意下来，要从奇山、奇门寻找奇宝。"妻子一听，心里有数，便说："这儿叫祁山、祁门，不叫'奇山、奇门'。"两人听了，点点头，说："原来是这样，那我们告辞了。"小伙子看两个人走远了，舌头伸长说："好险啦，要不是娘子聪明，这奇宝就被玉帝抢到天上去啦。往后，我们得多注意。"从此，祁门的祁山就盛产"祁门红茶"了。

三、滇红

云南红茶简称滇红，分为滇红工夫茶和滇红碎茶。产于云南省南部与西南部的临沧、保山、凤庆、西双版纳、德宏等地。制作采用优良的云南大叶种茶树鲜叶，以外形肥硕紧实，金毫显露和香高味浓的品质独树一帜，以浓、强、鲜为其特色，著称于世。凤庆、云昌等地生产的滇红工夫茶，毫色呈菊黄；临沧、勐海等地生产的滇红工夫茶，毫色多为金黄。香气则滇西云县、凤庆为佳。

干茶：色泽乌润，金毫特显，条索紧直肥壮，苗峰秀丽匀整（图2-22）。

汤色：红艳明亮（图2-23）。

滋味：鲜爽浓烈。

香气：鲜郁高长，甜醇，具有花果香。

叶底：肥厚，红匀明亮（图2-24）。

图2-22　滇红干茶

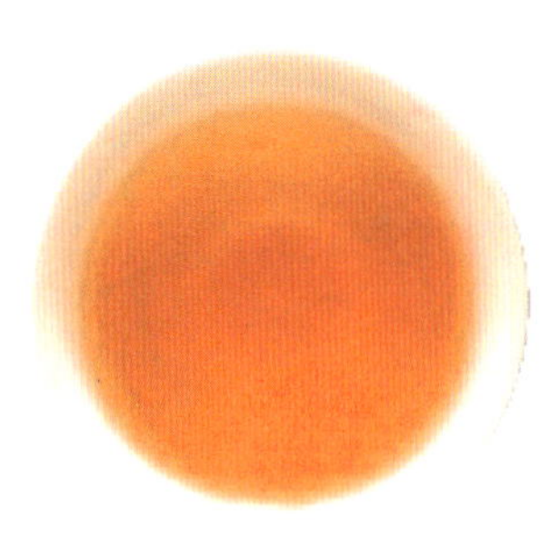

图2-23　滇红汤色

图2-24　滇红叶底

茶性：性温。

功效：利尿、消炎杀菌、解毒、养胃、防龋齿、延缓衰老、降血糖、降血压、降血脂、抗癌、抗辐射、减肥等。

茶具搭配：建议采用白瓷壶、紫砂壶、白瓷或青花瓷盖碗。

冲泡经验：滇红冲泡，泡茶的水温在80 ~ 85℃。

茶故事

1937年秋，冯绍裘和郑鹤春到云南实地考察并调查茶叶产销情况，觉得凤庆县的凤山有着很适合茶叶生长的自然条件，于是开始试制红茶。通过努力，试制成功。茶叶条索肥实，汤色红浓明亮，叶底红艳发光，香味浓郁，为国内其他地区小叶茶种所未见。在试制红茶的期间，由于没有像现在这样通畅的公路，机器设备必须在大理拆卸成零件，用马帮驮运到凤庆，来回需费时半月。马帮在从大理至凤庆之间的路程中有一条五尺宽的石板山路必须在江边放下驮子，商人们乘竹筏而过，马自己凫水到对岸。为了试制成功，冯绍裘等人用木质揉桶，脚踏烘干机，竹编烘笼等，保证了试制工作的顺利展开。

1939年，第一批滇红500担终于试制成功了，先用竹编茶笼装运到香港，再改用木箱铝罐包装投入市场。滇红茶创制出来了，冯老先生终从众人之意，定名"滇红"，"滇红"名茶就这样诞生了。此后，滇红茶产业年年向前发展，成为我国茶叶生产上一朵璀璨的名茶之花。

四、红茶调饮

1.牛奶红茶

将茶叶放入壶中，用沸水冲泡，浸泡5分钟后，再把茶汤倾入茶杯中，加入适量的糖和牛奶或乳酪，就成为一杯芳香可口的牛奶红茶（图2-25）。

图2-25　牛奶红茶

2.冰红茶

将红茶泡制成浓度略高的茶

汤，然后将冰块加入杯中达八分满，徐徐加入红茶汤，再加糖搅拌均匀，即可调制出一杯色、香、味俱全的冰红茶（图2-26）。

3. 冰柠檬红茶

杯中加入冰糖、新鲜柠檬圆片2片，将泡好的红茶倒入杯中搅拌，直至冰糖完全融化即可（图2-27）。

图2-26　冰红茶

图2-27　冰柠檬红茶

第三节　乌龙茶品鉴

一、铁观音

铁观音，闽南乌龙茶类的代表茶，是我国十大名茶之一。原产于福建泉州市安溪县西坪镇。铁观音茶介于绿茶和红茶之间，属于半发酵茶类。铁观音独具“观音韵”，有“七泡有余香”之誉。按照国家标准安溪铁观音可分为两大品类，即清香型和浓香型；按市场产品则可以细分为清香型、韵香型、浓香型和陈香型。其中，根据制作工艺不同清香型铁观音又细分为正味型和酸香型。每种各具特色，都是乌龙茶中的极品。

干茶：茶条卷曲，肥壮圆结，沉重匀整，色泽砂绿，略带红点，整体形状似蜻蜓头、螺旋体、青蛙腿（图2-28）。

汤色：金黄、浓艳，似琥珀（图2-29）。

滋味：醇厚甘鲜，回甘悠长，俗称有“音韵”。

香气：馥郁持久，天然的兰花香。

叶底：叶片肥厚软亮，叶面呈波状，称“绸缎面”（图2-30）。

图2-28　铁观音干茶

图2-29　铁观音汤色

图2-30　铁观音叶底

茶性：性温凉。

功效：抗衰老、抗动脉硬化、防治糖尿病、减肥健美、防治龋齿、清热降火等。

茶具搭配：建议采用盖碗或小紫砂壶（孟臣壶，潮汕一带广为用之）。

冲泡经验：铁观音冲泡，用100℃沸水冲泡。俗称头泡汤，二泡茶，三泡、四泡是精华……七泡有余香，九泡不失茶真味。

茶故事

清朝乾隆年间，安溪西坪上尧茶农魏饮制得一手好茶，他每日晨昏泡茶三杯供奉观音菩萨，十年间从不间断，可见礼佛之诚。一夜，魏饮梦见在山崖上有一株散发兰花香味的茶树，正想采摘时，一阵狗吠把好梦惊醒。第二天，果然在崖石上发现了一株与梦中一模一样的茶树。于是采下一些芽叶，带回家中，精心制作。制成之后茶味甘醇鲜爽，使人精神为之一振。魏饮认为这是茶之王，就把这株茶挖回家进行繁殖。几年之后，茶树长得枝叶茂盛。由于此茶美如观音重如铁，又是观音托梦所获，就叫它“铁观音”。从此铁观音名扬天下。

二、大红袍

大红袍，闽北乌龙茶类的代表茶，产于福建武夷山，我国特种名茶。大红袍品质最突出之处是香气馥郁，有兰花香，香高而持久，“岩韵”明显，且具有“岩茶之王”“茶中状元”的美誉，历代都是贡茶。大红袍生长于天心岩九龙窠高岩峭壁上，终年有流水带着岩顶的养分滋润茶树，使得大红袍的汤色橙黄艳丽，岩韵显著。大红袍母树仅有6株，现已禁采。目前能买到的纯种大红袍，是指母树大红袍中的某一品系单独扦插繁育栽培后，单独采制加工而成。大红袍很耐冲泡，冲泡七八次仍有香味。品饮"大红袍"茶，必须按"工夫茶"小壶小杯细品慢饮的程式，才能真正品尝到岩茶之巅的禅茶韵味。

干茶：黑褐色，油润有光泽，条索紧结，匀整壮实（图2-31）。

汤色：橙红、清澈、明亮（图2-32）。

滋味：甘鲜醇厚，滑润爽口，“岩韵”显著。

香气：馥郁高长，高火香，兰花香，桂花香。

叶底：软亮，绿叶红镶边（图2-33）。

图2-31　大红袍干茶

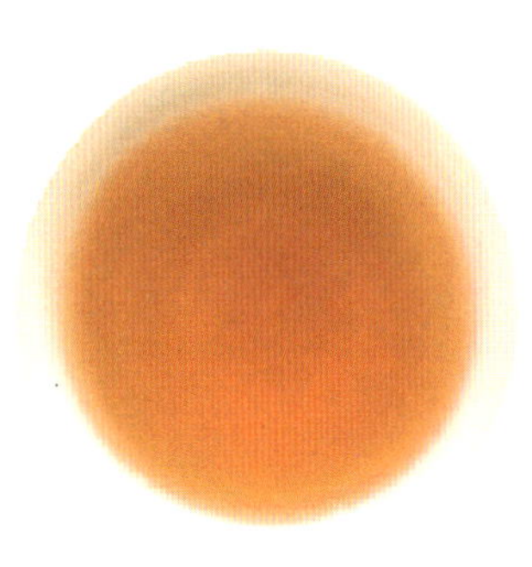

图2-32　大红袍汤色

图2-33　大红袍叶底

茶性：性温凉。

功效：防癌症、降血脂、抗衰老、生津利尿、解热防暑、杀菌消炎、解毒防病、消食去腻、减肥健美等。

茶具搭配：建议采用陶制小壶工夫茶具。

冲泡经验：大红袍冲泡，用100℃沸水。首汤5 ~ 10秒即可倒出茶水，以后依次延长，但不可久浸。优质大红袍可连续冲泡十几泡仍“岩韵”十足。

茶故事

传说古时，有一穷秀才上京赶考，路过武夷山时，病倒在路上，有幸被天心庙老方丈看见，泡了一碗茶给他喝，果然病就好了。后来秀才金榜题名，中了状元，还被招为东床驸马。一个春日，状元来到武夷山谢恩，在老方丈的陪同下，前呼后拥，到了九龙窠，但见峭壁上长着三株高大的茶树，枝叶繁茂，吐着一簇簇嫩芽，在阳光下闪着紫红色的光泽，煞是可爱。老方丈说，去年你犯鼓胀病，就是用这种茶叶泡茶治好的。很早以前，每逢春日茶树发芽时，就鸣鼓召集群猴，穿上红衣裤，爬上绝壁采下茶叶，炒制后收藏，可以治百病。状元听了，要求采制一盒进贡皇上。第二天，庙内烧香点烛，击鼓鸣钟，召来大小和尚，向九龙窠进发。众人来到茶树下焚香礼拜，齐声高喊"茶发芽！"然后采下芽叶，精工制作，装入锡盒。状元带了茶进京后，正遇皇后肚痛鼓胀，卧床不起。状元立即献茶让皇后服下，果然茶到病除。皇上大喜，将一件大红袍交给状元，让他代表自己去武夷山封赏。一路上礼炮轰响，火烛通明，到了九龙窠，状元命一樵夫爬上半山腰，将皇上赐的大红袍披在茶树上，以示皇恩。说也奇怪，等掀开大红袍时，三株茶树的芽叶在阳光下闪出红光，众人说这是大红袍染红的。后来，人们就把这三株茶树叫作"大红袍"了。有人还在石壁上刻了"大红袍"三个大字。从此大红袍就成了年年岁岁的贡茶。

三、凤凰单枞

凤凰单枞，属广东乌龙茶类。产于广东省潮州市凤凰镇凤凰山。单枞茶，系在凤凰水仙群体品种中选拔优良单株茶树，经培育、采摘、加工而成。因成茶香气、滋味的差异，当地习惯将单枞茶按香型分为黄枝香、芝兰香、桃仁香、玉桂香、通天香等多种。凤凰单枞是众多优异单枞的总称，也是乌龙茶中最浓郁又高香的高品质茶叶。

干茶：条索粗壮，匀整挺直，色泽乌褐（灰褐或黄褐），油润有光，并有朱砂红点（图2-34）。

汤色：橙红（橙黄）、明亮（图2-35）。

滋味：浓醇鲜爽，润喉回甘。

香气：浓郁持久，天然花香，独特的山韵蜜味。

叶底：边缘朱红，叶腹黄亮，有“绿叶红镶边”的特点（图2-36）。

图2-34　凤凰单枞干茶

图2-35　凤凰单枞汤色

图2-36　凤凰单枞叶底

茶性：性温凉。

功效：除具乌龙茶典型功效外，还具有美颜嫩肤、消脂健美、提神醒脑的功效。

茶具搭配：建议采用盖碗或紫砂壶，最好采用潮汕当地的潮汕工夫茶具。

冲泡经验：凤凰单枞冲泡，用80 ~ 100℃水。第一泡一般为洗茶，二泡、三泡香气最佳；又以五泡、六泡口感最好。耐冲泡。

茶故事

凤凰山乌岽顶上，在海拔1497米高峰凤鸟髻的对面，有一株老茶树，采下的茶叶泡起来特别清香，人们都把它叫“凤凰茶”，或叫单枞茶。为什么凤凰单枞的香味如此独特呢？这里有段动人的传说。相传凤凰原来是如来佛前的一只侍鸟，因不甘佛门寂寞，羡慕人间欢乐，便偷偷地逃出天竺梵宫，飞呀飞呀，飞到人间，化作一个聪慧、娴熟、美丽的姑娘，与憨厚、诚实的牛郎结为夫妻。他们每日种田务茶，和睦相处，十分恩爱。不料此事被如来察知，勃然大怒，认为私奔红尘，违犯佛门戒规，大逆不道，便派沙沱和尚赶来，用五雷轰塌了田庄，用天火焚烧了茶林，将牛郎点化为青牛山。凤凰姑娘正欲与沙沱和尚决一死战，以报杀夫之仇，不料被沙沱抢先下了毒手，用神针钉死。现在山腰有根大石柱，据说就是那根神针。古茶树是遭天灾后的劫后余生，所以直立不倒，是凤凰姑娘宁死不屈、蔑视神威的象征。在凤凰山嘴，有一口天池，据说是凤凰的血泪凝成，数九寒天，炎夏酷暑，凉爽沁人。凡来往行人走到这里，都要坐下歇一歇脚，欣赏天池四周美景，一边喝着天池里的甜水，一边讲述凤凰姑娘的动人故事。

四、白毫乌龙

白毫乌龙是一般所称的东方美人茶，属台湾乌龙茶类。主要产地在台湾的新竹、苗栗一带。白毫乌龙又名膨风茶，因其外观白毫显著而来，是半发酵青茶中发酵程度最高的茶品。一般的发酵度为60%，也有些高达75% ~ 85%，故不会产生任何生菁臭味，且不苦不涩。外观艳丽多彩，具明显的红、白、黄、褐、绿五色相间，形状自然卷缩，宛如花朵。白毫乌龙最特别的地方在于，茶菁必须让小绿叶蝉（又称浮尘子）叮咬吸食，昆虫的唾液与茶叶酵素混合产生特别的香气，茶的好坏取决于小绿叶蝉的叮咬程度，也因为要让小绿叶蝉生长良好，在生产过程中绝不能使用农药，因此生产较为不易，也更显其珍贵。

图2-37　白毫乌龙干茶

图2-38　白毫乌龙汤色

干茶：白毫肥大，叶部呈红褐、银白、青绿相间，油润（图2-37）。

汤色：明亮艳丽，橙红色（图2-38）。

滋味：甘润。

香气：天然蜜味与纯熟的果香。

叶底：芽叶连枝完整，有“绿叶红镶边”的特点（图2-39）。

图2-39　白毫乌龙叶底

茶性：性温凉。

功效：除具乌龙茶典型功效外，还具有美颜嫩肤、消脂健美、抗肿瘤、预防老化的功效。

茶具搭配：建议采用盖碗或紫砂壶、瓷壶，由于茶叶条索较蓬松，也可采用广口矮身桶的紫砂壶。

冲泡经验：白毫乌龙茶冲泡，用95 ~ 100℃水。

茶故事

东方美人茶原称膨风茶（膨风是台湾俚语吹牛之意）。相传早期有一茶农因茶园受虫害侵食，不甘损失，乃挑至城中贩售，没想到竟因风味特殊而大受欢迎，回乡后向乡人提及此事，竟被指为“吹牛”，从此膨风茶之名不胫而走。

又相传百年前，英国茶商将膨风茶呈献英国维多利亚女王，由于冲泡后，其外观艳丽，犹如绝色美人曼舞在水晶杯中，品尝后，女王赞不绝口而赐名“东方美人”。

第四节　白茶品鉴

一、白毫银针

白毫银针，属于白芽茶，有我国十大名茶的称号。产地在福建，主要产区为福鼎、政和、松溪、建阳等地。白毫银针属白茶之珍品，其外观挺直似针，如银似雪，曦阳照下，银光闪闪，素有茶中“美女”“茶王”之美称。白毫银针的茶芽均采自福鼎大白茶、政和大白茶良种茶树。

干茶：芽头肥壮，遍披白毫，挺直如针，色白似银，银绿有光泽（图2-40）。

汤色：浅杏黄色，清澈、晶亮（图2-41）。

滋味：醇厚爽口，甘醇清鲜。

香气：香气清芬，毫香显露。

叶底：黄绿匀齐，肥嫩柔软（图2-42）。

图2-40　白毫银针干茶

图2-41　白毫银针汤色

图2-42　白毫银针叶底

茶性：性温凉。

功效：退热、祛暑、解毒、健胃提神、祛湿，常作为药用，有降虚火、解邪毒等功效。

茶具搭配：建议采用直筒形透明玻璃杯或白瓷盖碗，可从各个角度欣赏到杯中茶的形色和变幻的姿色。

冲泡经验：白毫银针冲泡，以茶的老嫩程度用95 ~ 100℃水。

茶故事

传说很早以前，有一年，政和一带久旱不雨，瘟疫四起，在洞宫山上的一口龙井旁有几株仙草，草汁能治百病。很多勇敢的小伙子纷纷去寻找仙草，但都有去无回。有一户人家，家中兄妹三人，分别是志刚、志诚和志玉。三人商定轮流去找仙草。这一天，大哥来到洞宫山下，这时路旁走出一位老爷爷告诉他说仙草就在山上龙井旁，上山时只能向前不能回头，否则采不到仙草。志刚一口气爬到半山腰，只见满山乱石，阴森恐怖，但忽听一声大喊“你敢往上闯！”，志刚大惊，一回头，立刻变成了这乱石岗上的一块新石头。志诚接着去找仙草。在爬到半山腰时由于回头也变成了一块巨石。这样找仙草的重任也就落到了志玉的身上。她出发后，途中也遇见了白发爷爷，白发爷爷同样告诉她千万不能回头等话，且送她一块烤糍粑，志玉谢过白发爷爷后继续往前走，来到乱石岗，奇怪声音四起，她用糍粑塞住耳朵，坚决不回头，终于爬上山顶来到龙井旁，采下仙草上的芽叶，并用井水浇灌仙草，仙草开花结籽，志玉采下种子，立即下山。回乡后将种子种满山坡。这种仙草便是茶树，这便是白毫银针名茶的来历。

二、白牡丹

白牡丹属于白茶，主产于福建省的南平市政和县和松溪县等地，因其绿叶夹银白色毫心，形似花朵，冲泡后绿叶托着嫩芽，宛如蓓蕾初放，有"红装素裹"之誉，也因此得名“白牡丹”。

干茶：肥壮，叶缘垂卷自然，深灰绿，夹以银白毫心，呈"抱心形"，叶背遍布洁白茸毛，芽叶连枝（图2-43）。

汤色：杏黄或橙黄，清澈（图2-44）。

滋味：鲜醇清甜。

香气：清鲜、纯正，毫香明显。

叶底：浅灰，叶脉微红（图2-45）。

图2-43　白牡丹干茶

图2-44　白牡丹汤色

图2-45　白牡丹叶底

茶性：性凉。

功效：生津止渴、清肝明目、提神醒脑、镇静降压、防龋坚齿、解毒利尿、除腻化积、减肥美容、养颜益寿、防治流感、防辐射、防癌抗癌等。

茶具搭配：建议采用紫砂壶或瓷盖碗冲泡。

冲泡经验：白牡丹冲泡，用60 ~ 90℃水为佳。

茶故事

传说在西汉时期，有位名叫毛义的太守，因看不惯贪官当道，于是弃官随母去深山老林归隐。母子俩来到一座青山前，只觉得异香扑鼻，经探问一位老者得知香味来自莲花池畔的十八棵白牡丹，母子俩见此处似仙境一般，便留了下来。一天，母亲因年老加之劳累，病倒了。毛义四处寻药。一天，毛义梦见了白发银须的仙翁，仙翁告诉他："治你母亲的病须用鲤鱼配新茶，缺一不可。"毛义认为定是仙人的指点。这时正值寒冬季节，毛义到池塘里破冰捉到了鲤鱼，但冬天到哪里去采新茶呢？正在为难之时，那十八棵牡丹竟变成了十八仙茶，树上长满嫩绿的新芽叶。毛义立即采下晒干，白毛茸茸的茶叶竟像是朵朵白牡丹花。毛义立即用新茶煮鲤鱼给母亲吃，母亲的病果然好了。后来就把这一带产的名茶叫作"白牡丹茶"。

第五节　黄茶品鉴

君山银针属于黄芽茶，是我国名茶之一。产于湖南岳阳洞庭湖中的君山，形细如针，故名君山银针。其成品茶芽头茁壮，长短大小均匀，茶芽内面呈金黄色，外层白毫显露完整，而且包裹坚实，茶芽外形很像一根根银针，雅称"金镶玉"。其色、香、味、形俱佳，世称"四美"。据说文成公主出嫁时就选带了君山银针茶带入西藏。

干茶：色泽黄绿，芽头金黄茁壮，白毫鲜亮，紧实挺直如银针（图2-46）。

汤色：杏黄、明净（图2-47）。

滋味：柔和甜醇。

香气：清鲜，毫香鲜嫩。

叶底：黄亮，匀齐肥厚（图2-48）。

图2-46　君山银针干茶

图2-47　君山银针汤色

图2-48　君山银针叶底

茶性：性温。

功效：提神醒脑、消除疲劳、消食化滞等。对脾胃最有好处，消化不良、食欲不振、懒动肥胖，都可饮而化之。

茶具搭配：建议采用透明玻璃杯冲泡。

冲泡经验：君山银针冲泡，用100℃沸水，或煮饮。君山银针适合观“茶舞”，冲泡起来芽尖冲向水面，悬空竖立，然后徐徐下沉杯底，形如群笋出土，又像银刀直立。

茶故事

据说君山茶的第一颗种子还是四千多年前娥皇、女英播下的。后唐的第二个皇帝明宗李嗣源，第一回上朝的时候，侍臣为他捧杯沏茶，开水向杯里一倒，马上看到一团白雾腾空而起，慢慢地出现了一只白鹤。这只白鹤对明宗点了三下头，便朝蓝天翩翩飞去了。再往杯子里看，杯中的茶叶都齐崭崭地悬空竖了起来，就像一群破土而出的春笋。过了一会儿，又慢慢下沉，就像是雪花坠落一般。明宗感到很奇怪，就问侍臣是什么原因。侍臣回答说：“这是君山的白鹤泉（即柳毅井）水，泡黄翎毛（即银针茶）缘故。”明宗心里十分高兴，立即下旨把君山银针定为“贡茶”。君山银针冲泡时，颗颗茶芽立悬于杯中，极为美观。

第六节　黑茶品鉴

一、熟普洱茶

普洱茶以发酵不同分为生茶和熟茶。普洱熟茶，是以云南大叶种晒青毛茶为原料，经过渥堆发酵等工艺加工而成的茶。熟普洱茶包括两种，即生茶经一段时间储存后自然发酵的普洱茶和人工后发酵制成的普洱茶。我们最常喝到的比较经济实惠的是人工发酵的熟普洱茶。这里说的熟普洱茶仅为人工控制温度和湿度，采用渥堆工艺生产的人工发酵普洱茶。这种普洱茶可以马上饮用，也耐存放，且有熟普洱茶储存一段时间后更好喝的说法。普洱茶色泽褐红，滋味纯和，具有独特的陈香。

干茶：粗壮肥大，褐红或深栗色（图2-49）。

汤色：红浓、明亮（图2-50）。

滋味：醇厚爽滑。

香气：沉香。

叶底：深猪肝色，难有完整叶片（图2-51）。

图2-49　普洱茶干茶

图2-50　普洱茶汤色

图2-51　普洱茶叶底

茶性：性温。

功效：暖胃、减肥、降脂、防止动脉硬化、防止冠心病、降血压、抗衰老、抗癌、降血糖等。

茶具搭配：建议采用紫砂壶冲泡。

冲泡经验：熟普洱茶冲泡，用100℃沸水。熟普洱茶还应视其新老程度，来决定冲泡次数，时间越久的普洱茶越耐冲泡。

茶故事

乾隆是一个喜欢品茶、鉴茶的皇帝，他几次下江南都到了江浙茶山，鼓励种茶制茶。他还有一个特制的银斗，专门用来称水的轻重，以评定泡茶名泉的优劣。这天，正是各地贡茶齐聚、斗茶和赛茶的吉日，乾隆看着全国各地送来的贡茶真是琳琅满目。突然间，他眼前一亮，发现有一种茶饼圆如三秋之月，汤色红浓明亮，犹如红宝石一般，显得十分特别。叫人端上来一闻，一股醇厚的香味直沁心脾，喝上一口，绵甜爽滑，好像绸缎被轻风拂过一样，直落腹中。乾隆大悦道："此茶何名？圆如三秋皓月，香于九畹之兰，滋味这般的好。"太监推了推旁边的罗千总说："皇上问你呢，赶快回答。"罗千总何曾见过这样的场面，"扑通"一声跪在地上，半天才结结巴巴说出一两句话，讲的又是云南方言，乾隆听了半天也不明白，又问道："何府所贡？"太监忙答道："此茶为云南普洱府所贡。""普洱府，普洱府……此等好茶居然无名，那就叫普洱茶吧。"乾隆大声说道。这一句罗千总可是听得实实在在，这可是皇上御封的茶名啊，他连不迭叩谢。乾隆又接连品尝了三碗"普洱茶"，拿着红褐油亮的茶饼不住地抚摸，连口赞道："好茶，好茶。"随后传令太监冲泡赏赐文武百官一同品鉴，于是，朝堂上每人端着一碗红浓明亮的普洱茶，醇香顿时溢满大堂，赞赏之声不绝于耳。乾隆十分高兴，他重重赏赐了普洱府罗千总一行，并下旨要求普洱府从今以后每年都要进贡这种醇香无比的普洱茶。

二、安化黑茶

安化黑茶属于后发酵茶，是我国黑茶的始祖，在唐代的史料中记载为"渠江薄片"，曾被列为朝廷贡品。明嘉靖三年（1524年）就正式创制出了安化黑茶。至16世纪末期，安化黑茶在我国已位居领先地位，万历年间被定为官茶，大量远销西北。安化黑茶主要品种有三尖、三砖、一卷。三尖茶又称为湘尖茶，指天尖、贡尖、生尖；三砖指茯砖、黑砖和花砖；一卷是指花卷茶，现统称安化千两茶。

干茶：条索卷折成泥鳅状，黑中带褐，色泽均匀（图2-52）。

汤色：棕红、清透（图2-53）。

滋味：浓厚略涩。

香气：醇厚，有松烟香、药香及果香。

叶底：粗老，呈黄褐色、黑褐色、青褐色（图2-54）。

图2-52　安化黑茶干茶

图2-53　安化黑茶汤色

图2-54　安化黑茶叶底

茶性：性温。

功效：调节体内糖代谢，降血脂、血压，抗血凝、血栓，提高机体免疫能力，还具有抗癌、抗突变、抑菌、抗病毒、改善和辅助治疗心脑血管疾病、糖尿病等多种功能。

茶具搭配：建议采用紫砂壶冲泡。

冲泡经验：安化黑茶冲泡，用100℃沸水。有的还可煮饮。

茶故事

相传，西汉张骞开通西域后，班超带领商队出使西域。有一日，路遇暴雨，班超商队所载茶叶被淋湿。班超怕误了出使日期，让茶商只吹干了茶叶表面的水分就继续前行了。不久进入河西走廊，车队在

茶/艺

烈日炎炎的戈壁滩上行走，经过一个多月的跋涉，忽遇两个牧民捂着肚子在地上滚来滚去，额头上汗珠如雨。围观者介绍，牧民们终年肉食，不消化，容易造成肚子鼓胀，每年不少牧民死于此症。随行的医生想到茶叶能促进消化，就将茶叶取来。打开篓子一看，茶叶上长出了密密麻麻的黄色斑点。救人要紧，班超抓了两把发霉的茶叶放到锅里熬了一阵，给患病的牧民每人灌了一大碗。患者喝下后，肚子里胀鼓的硬块渐渐消失。两人向班超磕头致谢，问是什么灵丹妙药使他们起死回生。“此乃楚地运来的茶叶。”班超答曰。当地部落首领得知后，重金买下了那批茶叶。楚地茶叶能治病的消息从此传开。楚地的茶，正是来自湖南安化的茯茶，安化黑茶中的一个品种。这就是美名天下的茯茶的由来。

三、六堡茶

六堡茶属黑茶类，广西壮族自治区梧州市特产，我国国家地理标志产品。按特定的工艺进行加工，具有独特品质特征的黑茶，以“红、浓、陈、醇”四绝著称于世，有独特槟榔香气，越陈越佳。

干茶：条索长整紧结，褐黑、光润，间有黄花点（图2-55）。

汤色：红浓（图2-56）。

滋味：甘醇可口。

香气：陈厚，有松烟香和槟榔香。

叶底：铜褐色，不完整（图2-57）。

图2-55　六堡茶干茶

图2-56　六堡茶汤色

图2-57　六堡茶叶底

茶性：性温。

功效：清热润肺、消暑祛湿、明目清心、帮助消化、消滞祛积等。

茶具搭配：建议采用紫砂壶冲泡。

冲泡经验：六堡茶冲泡，用80 ~ 100℃水。

茶故事

据说很久以前，龙母在苍梧帮助百姓抵抗灾害，造福黎民。死后龙母升仙，想要再回到苍梧了解民间疾苦，便下凡到苍梧六堡镇黑石村，于是发现村里人过着非常困苦的生活。这里多山少田，人们种出的稻米，自己吃都不够，还要拿出一部分出山去换盐巴，真是太苦了，怎么办呢？龙母尝试了很多方法也没有用，就在她一筹莫展时，忽然看到黑石山下的泉水清澈明亮，忍不住尝了一口，觉得清甜滋润，异常鲜美，而且连所有的劳累也一扫而空了。龙母娘娘想了想，那么甜美的泉水一定能灌溉出好的植物。于是，龙母呼唤农神让它在这里播了茶树种子，经过龙母悉心栽培，果然长成了一棵长势旺盛、叶绿芽美的茶树。于是，这棵茶树告诉当地的人们：只要把这棵茶树的叶芽拿去卖给山外的人，就等于把这里甜美的泉水分给了他们享受，就可以换取足够多的粮食和盐巴了。龙母娘娘走后，这棵茶树很快就开花结果了，人们将种子散播开来，变成了漫山遍野的茶树林，遍布六堡镇。后被人们称为六堡茶。

第七节　花茶品鉴

碧潭飘雪属于茉莉花茶，产于四川峨眉山。碧潭飘雪采用早春嫩芽为茶坯，与含苞欲放的茉莉鲜花混合窨制而成。碧——茶的色；潭——茶碗；飘——花瓣浮飘水面，香味四溢；雪——洁白茉莉。其颜色是清新透亮的绿，上面飘浮着白色的花瓣，茶香、花香淡淡的，却经久停留在唇齿之间。

干茶：形紧细挺秀，白毫显露，绿而带黄（图2-58）。

汤色：黄亮、清澈（图2-59）。

滋味：鲜灵持久。

香气：花香、茶香交融，回味甘醇。

叶底：黄绿明亮，细嫩多芽（图2-60）。

图2-58　碧潭飘雪干茶

图2-59　碧潭飘雪汤色

图2-60　碧潭飘雪叶底

茶性：性凉。

功效：清热解毒、利湿、安神、镇静，对下痢腹痛、目赤肿痛、疮疡肿毒等病症有缓解。

茶具搭配：建议采用玻璃杯冲泡，更具观赏性。

冲泡经验：碧潭飘雪，冲泡温度80 ~ 90℃。茶叶芽和茉莉花逐渐展开的景观，淡雅适度，色彩明显，就像碧潭上飘了一层雪。品此茶令人赏心悦目。

茶故事

专家们说，碧潭飘雪一出现，就以香味、品味、价味列于所有花茶之上，可以称得上绝品。有文载，绝品大多出自手工。碧潭飘雪所选茶坯是明前手工制作的名茶绿茶；茉莉花是晴天采摘的鲜茉莉花，经少女手工精心择花；窨花烘制全是手工操作，而且产量极少，多就不能为其精，量少保真，真为珍品。宋·梅尧臣："绝品不可议，甘香焉等差。"绝品是最好的等级，这里指第一品茶。茶友们说，碧潭飘雪茶极其甘香、纯爽，无从评定其等级。

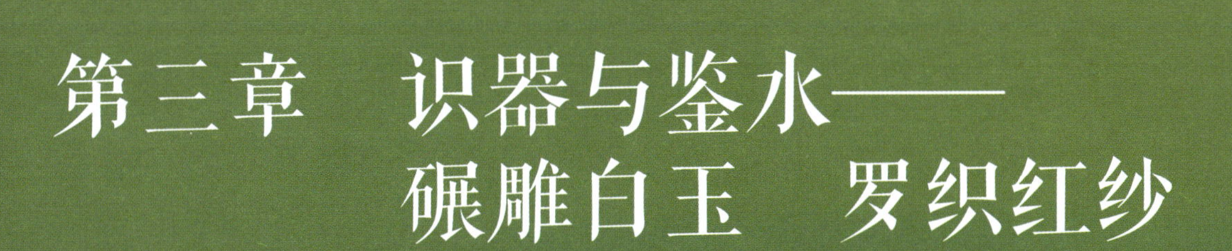

第三章　识器与鉴水——碾雕白玉　罗织红纱

第一节 器为茶之父

茶器之于茶如绿叶之于红花，一器成名只为茗，悦来客满是茶香，茶为器添味。文人雅客在品茗、赏器的同时，也在慢慢领悟着茶器这种不忘初心的淡泊自然（图3-1）……

图3-1 茶器欣赏

一、茶具种类

“茶具”一词最早在汉代已出现。据西汉辞赋家王褒《憧约》有“烹茶尽具，餔已盖藏”之说，这是我国最早提到“茶具”的一条史料。古代“茶具”的概念指更大的范围。《茶经》说：“茶人负以（茶具）采茶也。”把采茶、加工茶的工具称为茶具，泡茶、饮茶的工具称为茶器，直到宋代，二者合二为一。

由于茶具制作材料和产地不同而大体可分为陶土茶具、瓷器茶具、玉石茶具、玻璃茶具、漆器茶具、植物茶具和金属茶具等几大类。

（一）陶土茶具

陶土茶具还可分为泥质和夹砂两大类（图3-2）。我们通常所说的陶瓷茶具其实是“陶器”与“瓷器”茶具的总称。用陶土烧制的茶具叫陶器茶具，用瓷土烧制的茶具叫瓷器茶具。陶器可分为细陶和粗陶，白色或有色，无釉或有釉。品种有灰陶、红陶、白陶、彩陶和黑陶等，具有浓厚的生活气息和独特的艺术风格。

北宋时，江苏宜兴采用紫泥烧制成紫砂陶器，使陶瓷茶具的发展走向高峰，成为我国茶具的主要品种之一。

宜兴紫砂茶具是陶器中的佼佼者（图3-3），早在北宋初期就已经崛起，成为独树一帜的优秀茶具，在明朝大为流行。紫砂壶和一般陶器不同，其里外都不敷釉，采用当地的紫泥、红泥、团山泥抟制焙烧而成。由于成陶火温较高，烧结密致，胎质细腻，既不渗漏，又有肉眼看不见的气孔，经久使用，还能汲附茶汁，蕴蓄茶味；且传热不快，不致烫手；若热天盛茶，不易酸馊；即使冷热剧变，也不会破裂；如有必要，甚至还可直接放在炉灶上煨炖。

图3-2　陶土茶具

图3-3　宜兴紫砂茶具

明朝嘉靖、万历年间，先后出现了两位卓越的紫砂工艺大师——龚春（又名供春）和他的徒弟时大彬。传说寺院里有银杏参天，盘根错节，树瘤多姿。他朝夕观赏乃模拟树瘤，捏制树瘤壶，造型独特，生动异常。老和尚见了拍案叫绝，便把平生制壶技艺倾囊相授，使他最终成为著名制壶大师。供春的制品被称为“供春壶”，造型新颖精巧，质地薄而坚实，有“供春之壶，胜于美玉”的美誉。

时大彬突破了师傅传授的格局而多做小壶，点缀在精舍几案之上，更加符合饮茶品茗的趣味。因此，当时就有十分推崇的诗句：“千奇万状信手出”“宫中艳说大彬壶”。

宜兴制的紫砂茶具，泡茶既不夺茶真香，又无熟汤气，能较长时间保持茶叶的色、香、味，具有“泡茶不走味”的特色。紫砂茶具不仅畅销国内，而且远销海外，多次在国际性博览会中获得金奖，颇受好评，为中外陶瓷鉴赏家、收藏家所珍视。

（二）瓷器茶具

瓷器一直是人们喜爱的家居用品，瓷器无吸水性，音清而韵长，能反映出茶汤色泽，传热、保温性适中，与茶不会发生化学反应，泡茶能获得较好的色、香、味。瓷器茶具的品种很多，其中主要有白瓷茶具、青瓷茶具、黑瓷茶具和彩瓷茶具。

图3-4　白瓷茶具

1.白瓷茶具

白瓷，早在唐代就有“假白玉”之称。白瓷茶具（图3-4）因色泽洁白，造型精巧，装饰典雅，其外壁多绘有山川河流、四季花草、飞禽走兽及人物故事，或缀以名人书法，又颇具艺术欣赏价值，堪称饮茶器皿中之珍品。

2.青瓷茶具

早在东汉年间，已开始生产色泽纯正、透明发光的青瓷茶具（图3-5）。晋代的越窑、婺窑、瓯窑已具相当规模。宋代，作为当时五大名窑之一的龙泉哥窑生产的青瓷茶具，已达到鼎盛时期，远销各地。唐代，制瓷业已经成为独立的部门。明代，青瓷茶具更以其质地细腻、造型端庄、釉色青莹、纹样雅丽而蜚声中外。青瓷“青如玉，明如镜，声如磬”，被称为“瓷器之花”，珍奇名贵。

3.黑瓷茶具

黑瓷茶具（图3-6）始于晚唐，鼎盛于宋，延续于元，衰微于明、清。

图3-5　青瓷茶具

图3-6　黑瓷茶具

宋代福建斗茶之风盛行。斗茶者根据经验认为建安窑所产的黑瓷茶具用来斗茶最为适宜，因而驰名。宋人衡量斗茶的效果，一看茶面汤花色泽和均匀度，以“鲜白”为先；二看汤花与茶盏相接处水痕的有无和出现的迟早，以“盏无水痕”为上。而黑瓷茶具“茶色白，入黑盏，其痕易验”，而且黑瓷茶具风格独特，古朴雅致，加之磁质厚重，保温性能较好，所以为斗茶行家所珍爱。

从明代开始，由于“烹点”之法与宋代不同，黑瓷建盏“似不宜用”，仅作为“以备一种”而已。

4.彩瓷茶具

彩色茶具的花色品种很多，其中以青花瓷茶具最引人注目，其在白瓷的基础上缀以青色的纹饰。然而，对“青花”色泽中“青”的理解，古今有所不同。古人将黑、蓝、青、绿等诸色统称为“青”，故“青花”的含义比今天要广。它的特点是：花纹蓝白相映成趣，有赏心悦目之感；色彩淡雅可人，有华而不艳之力。加之彩料之上涂釉，显得滋润明亮，更平添了青花茶具的魅力。

直到元代中后期，青花瓷茶具才开始成批生产，特别是景德镇，成了我国青花瓷茶具的主要生产地。明代，景德镇生产的青花瓷茶具，诸如茶壶、茶盅、茶盏，花色品种越来越多，质量越来越精，无论是器形、造型、纹饰等都冠绝全国，成为其他生产青花茶具窑厂模仿的对象。清代，特别是康熙、雍正、乾隆时期，青花瓷茶具在古陶瓷发展史上又进入了一个历史高峰，它超越前朝，影响后代。康熙年间烧制的青花瓷器具史称“清代之最”。

（三）玉石茶具

玉对人体的医疗保健作用很早就被人类发现。《本草纲目》中详细记述玉器具有“润心肺、润声喉、活筋强骨、安魂魄、利血脉”的功能，玉石作为一种纯天然环保的材质，自古以来都是高档茶具的首选材料。玉石富含人体所需的钠、钙、锌等三十余种微量元素，用玉石制成茶具来饮茶，对人体具有一定的保健美容作用。

天然玉器晶莹剔透，灵气迫人，再加上精雕细琢，赋予石头灵性，与茗茶并容，每一款茶具都独具匠心，美观大方，极富个性。玉石茶具（图3-7）具

图3-7 玉石茶具

有遇冷遇热不干裂、不变形、不褪色、不吸色、不沾茶垢、易清洗等优点。正是茗茶润玉，传世收藏。

玉石之美在于它的细腻、温润、含蓄、幽雅。玉的颜色有草绿、葱绿、墨绿、灰白、乳白，色调深沉柔和，配以香茗，形成一种特有的温润光滑的色彩。玉石茶具富有我国传统文化内涵，体现了我国茶文化之独特。其不但是一件茶具，更是一件工艺艺术品。

（四）玻璃茶具

玻璃，古人称为流璃或琉璃，实是一种有色半透明的矿物质。用这种材料制成的茶具，能给人以色泽鲜艳、光彩照人之感。我国的琉璃制作技术虽然起步较早，但直到唐代，随着中外文化交流的增多，西方琉璃器的不断传入，我国才开始烧制琉璃茶具。

唐代韦应物曾写诗赞誉琉璃，说它是“有色同寒冰，无物隔纤尘。象筵看不见，堪将对玉人”。

玻璃质地透明，光泽夺目，外形可塑性大，因此，用它制成的茶具，形态各异，用途广泛，加之物美价廉，购买方便，受到茶人好评。在众多的玻璃茶具中，以玻璃茶杯最为常见。玻璃杯泡茶，茶汤的鲜艳色泽，茶叶的细嫩柔软，茶叶在整个冲泡过程中上下窜动，叶片的逐渐舒展等，可以一览无余，可以说是一种动态的艺术欣赏。特别是冲泡各类名茶，茶具晶莹剔透，杯中轻雾缥缈，澄清碧绿，芽叶朵朵，亭亭玉立，观之赏心悦目，别有风趣。玻璃器具的缺点是容易破碎，比陶瓷器具烫手，是美中不足。

图3-8 玻璃茶具

玻璃茶具（图3-8）主要适用于冲

泡花草茶、红茶、绿茶、普洱茶、水果茶、养生茶及工艺花茶等和咖啡系列，并且有较高的观赏性、趣味性。玻璃茶具表面看来都是很通透的，不过内在还是存在很大的差别。一般正品茶具，玻璃厚度均匀，阳光照射下非常通透，而且敲击之下声音很脆，且大都经过抗热处理，不会出现炸裂的情况。选购玻璃茶具一定要注意品质，如果买了抗热性差的次品，使用起来有很大的危险性。

（五）漆器茶具

漆器艺术是中华民族传统文化的瑰宝之一，在上古黄河、长江流域，早已盛行，有春秋、战国和汉代古墓葬出土的大量精美的漆器为证。

图3-9　漆器茶具

漆器茶具（图3-9）始于清代，主要产于福建福州一带。福建原非漆器的主要产地，只是到了近代，福州忽以独特的脱胎漆器工艺异军突起。福州生产的漆器茶具多姿多彩，有“宝砂闪光”“金丝玛瑙”“釉变金丝”“仿古瓷”“雕填”“高雕”“嵌白银”等品种，特别是创造了红如宝石的“赤金砂”和“暗花”等新工艺以后，更加鲜丽夺目，逗人喜爱。

福州的脱胎漆器闻名于世，漆色绚丽多变而古雅含蓄，加上复杂细致的工艺技法，形成了具有特异艺术风格的工艺珍品，令人叹为观止。

脱胎漆器茶具通常包括一把茶壶连同四只茶杯，存放在圆形或长方形的茶盘内，壶、杯、盘通常呈一色，多为黑色，也有黄棕、棕红、深绿等色，并融书画于一体，饱含文化意蕴；且轻巧、美观，色泽光亮，明镜照人；又不怕水浸，能耐温、耐酸碱腐蚀。脱胎漆器茶具除具有实用价值外，还有很高的艺术欣赏价值，常为鉴赏家所收藏。

（六）植物茶具

隋唐以前，我国饮茶虽渐次推广开来，但属粗放饮茶。当时的饮茶器具，除陶瓷器外，民间多用竹木制作而成。陆羽在《茶经・四之器》中开列的

图3-10　竹木茶具

二十八种茶具，多数是用竹木制作的（图3-10）。这种茶具，来源广，制作方便，对茶无污染，对人体又无害。

因此，从古至今，竹木茶具一直受到茶人的欢迎。但其缺点是不能长时间使用，无法长久保存。到了清代，四川出现了一种竹编茶具，它既是一种工艺品，又有实用价值，主要品种有茶杯、茶盅、茶托、茶壶、茶盘等，多为成套制作。

竹编茶具由内胎和外套组成，内胎多为陶瓷类饮茶器具，外套用精选慈竹，经劈、启、揉、匀等多道工序，制成粗细如发的柔软竹丝，经烤色、染色，再按茶具内胎形状、大小编织嵌合，使之成为整体如一的茶具。

自古以来葫芦一直是应用很广泛的盛水的好器具，有人将葫芦制作成茶具，品茶把玩两相宜，不亦乐乎。还可以将葫芦做成茶滤，也很别致有趣。

（七）金属茶具

金属茶具是指由金、银、铜、铁、锡等金属材料制作而成的器具。

1.金银茶具

图3-11　金银茶具

金银茶具（图3-11）属于金属茶具的一种。大约在南北朝时，我国出现了包括饮茶器皿在内的金银器具。到隋唐时，金银器具的制作达到高峰。宋代银制茶具继承发扬了唐代金银器模压、锤压、錾刻、焊接、鎏金等工艺传统，在其基础上创造了立体装饰、浮雕凸花和镂刻工艺，充分显示出宋代金银工艺制作的高水平。

2.铜茶具

图3-12　铜茶具

我国古代铜器是我们的祖先对人类物质文明的巨大贡献。唐宋以来，铜和陶瓷茶具逐渐代替古老的金、银、玉制茶具，原因主要是唐宋时期，整个社会兴起一股家用铜瓷、不重金玉的风气。铜茶具相对于金、玉来说，价格更便宜，煮水性能好（图3-12）。

我国的铜茶具最普遍的是铜煮壶。铜煮壶系茶具的组成部分，专门用来煮水沏茶。最早的专门煮茶器由盛水的锅与烧火的架子组成。宋承唐制，茶具的整体变化不大，但为适应“斗茶”，煮水用具改用铫，俗称“吊子”，有柄有嘴。

到了明末清初，铜水壶几乎一统天下，不论是茶馆还是居家，都使用铜水壶，俗称“铜吊”，至今，人们还将铜吊泛指一切烧水壶。

从宋代开始，古人对金属茶具褒贬不一。用它们来煮水泡茶，被认为会使“茶味走样”。如明朝张谦德所著《茶经》，就把瓷茶壶列为上等，金、银壶列为次等，铜、锡壶则属下等，为斗茶行家所不屑采用。

到了现代，金属茶具已基本上销声匿迹。但用金属制成储茶器具，如锡瓶、锡罐等，却屡见不鲜。这是因为金属储茶器具的密闭性要比纸、竹、木、瓷、陶等好，又具有较好的防潮、避光性能，这样更有利于散茶的保藏。因此，用锡制作的储茶器具，仍流行于世。

锡的理化性能稳定，用锡做储茶的茶器（图3-13）具有很多的优点。锡工艺茶叶罐具有耐碱、无毒无味、不生锈等特点，不仅外观精美，而且非常实用。锡罐储茶器多制成小口长颈，其盖为圆桶状，密封性较好。

图3-13　锡储茶罐

二、工夫茶具清单

（一）茶壶

茶壶是泡茶的主泡具，也是茶具的中心。壶的大小、材料、形制等关系到茶汤的香气和韵味。其主要材质有紫砂、瓷和玻璃。紫砂壶（图3-14）是工夫茶的首选茶具。

图3-14 紫砂壶

选壶时，先将茶壶放在很平的桌子或玻璃上，从壶的外观看壶口、壶嘴、壶柄最高处应在一条直线上。拿掉壶盖，把壶倒放在桌面上，壶口与壶嘴要相平。除此之外，壶的周身要匀称，壶口要圆。一把好壶，其口盖应紧密。在壶里注入八分满的水，以手指压住壶盖上的气孔，试着做倒水动作，若水流不出来，壶盖的紧密度便很高。出汤爽利，水柱要急、长、圆、挺，如果流速过慢，就会影响茶汤的品质；壶嘴的断水要明快干净，不滴水和不倒流。

紫砂壶使用如图3-15、图3-16所示。

图3-15 眼观外观

图3-16 检查紧密度

紫砂配件——壶承（图3-17）的功用是为了保证席面的整洁干爽，承接淋壶的热水。

淋壶（图3-18）的目的是为壶加温，以泡出茶的精美真味，需要高温冲泡的茶叶才用得上淋壶，此时须选用壶承。

图3-17 壶承

图3-18 淋壶

（二）盖碗

除了用紫砂壶泡茶外，盖碗也是泡茶者喜欢使用的主要泡茶用具。盖碗，又称“盖杯”“三才碗”“三才杯”，是含盖、碗、托三件一式的茶器（图3-19）。盖为天，托为地，碗为人，暗含天地人和之意。制作盖碗的材质有瓷、紫砂、玻璃等，以各种花色的瓷盖碗为多。使用时既可以用来泡茶后分饮，也可一人一套，当作茶杯直接饮茶用。

用盖碗品茶，盖、碗、托不应分开使用，否则既不礼貌也不美观。

品饮时，端着托，揭开盖，移碗至鼻端闻香，饮时以盖拨茶，可直接啜饮，使盖碗看起来雅致、大方（图3-20）。

图3-19 盖碗

图3-20 盖碗品茶

（三）品茗杯

品茗杯是用来品茶和赏茶的专门用具（图3-21）。品茗杯多为瓷质、陶质、

图3-21　品茗杯

紫砂或者玻璃的。瓷质、陶质、紫砂品茗杯杯底较浅、杯口较广，透光性较高。品赏绿茶宜用高档的玻璃品茗杯，最基本的要求就是要耐高温。

我们用不同质地、颜色、形状、大小、高低、厚薄的杯子来品茶，茶汤就会呈现出不同的气质，但不论什么茶，若以适合的杯子来品饮，茶汤的香气、汤色、滋味都会更加细致、丰富而迷人。品茗杯的选择基本依据：一是依所泡的茶种来选择，传统工夫茶讲究使用薄瓷小杯；二是依饮茶的季节或天气来定，茶杯胎土厚可保温，适合冬天使用，而较薄的杯子则适合夏天使用，让茶快点冷却，方便入口；三是个人喜好。

（四）闻香杯

闻香杯是用来嗅闻杯底留香的器具（图3-22），一般与品茗杯、杯托一起搭配使用。闻香杯多为瓷器材质，也有紫砂和陶质的闻香杯。闻香杯是品乌龙茶时特有的茶具。

闻香杯一般不单独使用，将闻香杯中的茶水倒入品茗杯后，将闻香杯杯口朝上，双手掌心夹住闻香杯，靠近鼻孔，轻轻搓动闻香杯使之旋转，边搓动边闻香（图3-23）。

图3-22　闻香杯

图3-23　闻香

（五）杯垫

杯垫也称杯托，用来放置品茗杯与闻香杯。杯垫以木质、竹质（图3-24、图3-25）、瓷质为多。杯垫与品茗杯（或品茗杯和闻香杯）配套使用，可随意搭配。一般与茶道组一并制作成套。

图3-24　木质杯垫

图3-25　竹质杯垫

杯垫用来放置品茗杯与闻香杯（图3-26、图3-27）。

图3-26　杯垫（1）

图3-27　杯垫（2）

使用杯垫给客人奉茶，更显洁雅。

使用后需及时清理，如是木质、竹质需通风晾干。

（六）茶道组

茶道组也称茶道六君子（图3-28），是茶筒、茶匙、茶则、茶针、茶夹、茶漏的合称。其材质为竹质或木质。茶道组的作用不可替代，为整个泡茶过程雅观提供方便，喝茶人人手一套。

（1）茶筒　形似笔筒，是用来盛放茶艺用品的器皿。

（2）茶匙　形状像汤匙，所以称茶匙，从茶则或赏茶盒中拨取茶叶放入主泡器（图3-29）。

图3-28　茶道组

图3-29　茶匙

（3）茶漏　置茶时放在壶口上，扩大壶口面积，以导茶入壶，防止茶叶掉落壶外（图3-30）。

（4）茶则　从茶叶罐中量取茶叶（图3-31）。

图3-30　茶漏

图3-31　茶则

（5）茶夹　温杯以及需要给别人取茶杯时夹杯（图3-32）。

（6）茶针　疏通壶嘴堵塞（图3-33）。

图3-32　茶夹

图3-33　茶针

（七）赏茶荷

赏茶荷也称茶荷，用于泡茶前暂时盛放从茶叶罐中取出的茶叶，便于观看干茶，并将干茶移至主泡具。茶艺表演中用来展示干茶，供人欣赏茶叶的外观条索、色泽等。其材质有瓷质、木质、竹质等，多为瓷质（图3–34）。

图3–34　赏茶荷

取放茶叶，手不能与茶荷缺口位置直接接触（图3–35、图3–36）。

图3–35　赏茶荷取用展示

图3–36　入茶展示

（八）公道杯

公道杯用来盛放泡好的茶汤，给品茗杯分茶（图3–37）。其材质为紫砂、瓷质和玻璃等。有了公道杯，泡茶时，就能保证正常的冲泡次数中所冲泡茶汤滋味大体一致，随时分饮，随喝随添，是必不可少的品茶茶具。

用公道杯给品茗杯分茶时，每个品茗杯应七分满，不可太满（图3–38）。

图3–37　公道杯

图3–38　分茶

（九）茶巾

茶巾是泡茶过程中保持清爽、清洁的用具。要选择吸水性能好的材质，花色不宜过多，以素雅为主。

泡茶过程中可用来擦拭茶具外壁、底部的水渍、茶渍，保持茶盘的清洁。

茶巾的叠放方式如下。

① 首先将茶巾等分四段，先后向内对折（图3–39）。

图3-39　茶巾展示（1）

② 将茶巾等分四段，分别向内对折（图3–40）。

③ 双手将一端茶巾向另一端对折。展示已叠放好的茶巾（图3–41）。

图3-40　茶巾展示（2）

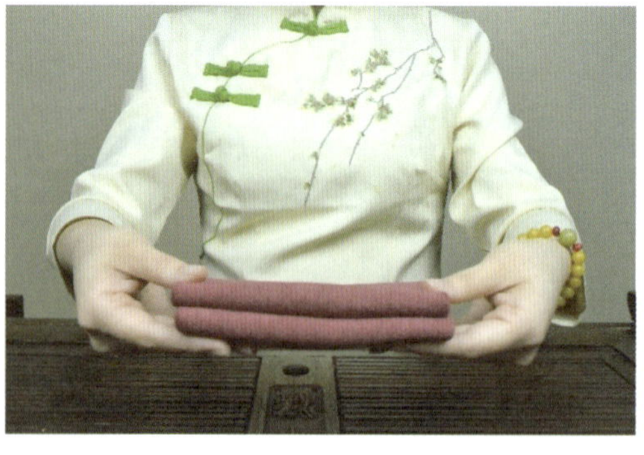

图3-41　茶巾展示（3）

茶巾只能擦拭茶具的外部，不能擦拭茶具的内部（图3–42）。

茶艺人员在泡茶过程中，需将手轻搭在茶巾上（图3–43）。

图3-42　茶巾使用（1）

图3-43　茶巾使用（2）

（十）盖置

盖置又称盖托，是泡茶过程中用来放置壶盖的器具。其材质为紫砂、瓷、竹、木等（图3-44）。

盖置可放置壶盖直接与桌面接触，保持清洁。使用后应立即清洗、养护。

图3-44　盖置

（十一）随手泡

随手泡是用来烧水的用具，即热水壶（图3-45）。其材质为不锈钢、铁、陶、玻璃（耐高温），多为电磁壶或电热炉式。随手泡是泡茶时最常用的烧水用具，煮水快，操作简单、方便、安全。

泡茶过程中，随手泡壶嘴不宜面向客人。

图3-45　随手泡

（十二）水盂

水盂是用来盛放废水、茶渣等的用具（图3-46）。其材质为瓷、陶等。水盂是干泡茶的必备工具。没有茶盘和废水桶时，使用水盂来盛接凉了的茶汤、废水和茶渣，简单、方便。

水盂容积小，倒水时尽量轻、慢，以免废水溅到茶桌，并需及时清理废水（图3-47、图3-48）。

图3-46　水盂

图3-47　向水盂倒水（1）

图3-48　向水盂倒水（2）

（十三）茶叶罐

茶叶罐是用来存放茶叶的器具（图3-49）。其材质为陶、瓷、木、铁、锡等。

图3-49　茶叶罐

取完茶叶后，茶叶罐必须立刻密封好，以防茶叶吸潮或走味（图3-50、图3-51）。

图3-50　取茶叶

图3-51　密封茶叶罐

（十四）茶盘

茶盘是盛放茶具、盛接凉了的茶汤或废水的用具（图3-52）。其材质以竹、木为主，也有紫砂、瓷质或石质茶盘。用茶盘盛放茶具时，茶具最好摆放整齐。

茶盘使用后要及时清理。

图3-52　茶盘

（十五）养壶笔

养壶笔是用来刷洗、保养紫砂壶的外壁和紫砂茶宠的用具（图3-53、图3-54）。养壶笔的笔头是使用动物的毛制成的，笔杆用牛角、木、竹等材质制成。常见的是木质的养壶笔。用养壶笔均匀地将茶汤刷在壶的外壁，使壶的外壁油润、光亮，壶养得均匀、美观。

养壶笔多为竹木质地，极易受潮，每次使用后需及时晾干。

图3-53　养壶笔

图3-54　养壶笔使用

第二节　水为茶之母

水为茶之母，水是茶的载体，没有了水，所谓的茶色、茶香、茶味、茶韵便无从体现（图3-55）。历代茶人对煮茶、泡茶用水十分讲究。陆羽在《茶经》中说："山水上，江水中，井水下，其山水拣乳泉、石池漫流者上。"明代张大复在《梅花草堂笔谈》中谈道："茶性必发于水，八分之茶，遇十分之水，茶亦十分美；八分之水试十分之茶，茶只八分耳。"说明水的质量好坏，比茶的质量更为重要。名茶只有配上好水，才能相得益彰，美上加美。

图3-55　泡茶用水

一、茶与水的关系

选择泡茶用水，需要了解水中的各种成分，了解水的口味。

从泡茶角度来说，影响茶汤品质的主要因素是水的硬度。含有较大量钙、镁离子的水称为硬水；反之，含有少量钙、镁离子的水称为软水。如果水的硬度是由钙和镁的硫酸盐或氯化物引起的，是永久性硬水；如果水的硬度是由含有碳酸氢钙和碳酸氢镁引起的，是暂时硬水。暂时硬水通过煮沸，所含的碳酸氢盐就分解生成不溶于水的碳酸盐而沉淀，硬水就变成了软水。平时，铝壶烧水，壶底有一层白色沉淀物，就是碳酸盐。

水的硬度和pH关系密切，而pH又影响茶汤的色泽及口味。当pH大于5时，汤色加深；pH达到7时，茶黄素就倾向自动氧化而损失。水的硬度还影响茶叶中有效成分的溶解，软水中含有其他溶质少，茶叶中有效成分的溶解度就高，口味较浓；而硬水中含有较多的钙镁离子和矿物质，茶叶中有效成分的溶解度就低，故茶味较淡。如果水中铁离子含量过高，和茶叶中多酚类物质结合后，茶汤就会变成黑褐色，甚至还会浮起一层“锈油”，简直无法饮用。如果水中镁的含量大于2毫克/升，茶味变淡；钙的含量大于2毫克/升，茶味变涩，若达到4毫克/升时，则茶味变苦。由此可见，泡茶用水，以选择软水或暂时软水为宜。

二、泡茶用水

目前常见的各种饮用水大致可分为六种类型。

1.自来水

自来水是最常见的生活饮用水，其水源一般来自江、河、湖泊，是属于加工处理后的天然水，为暂时硬水。因其含有较多的氯，饮用前需置清洁容器中1 ～ 2天，让氯气挥发，煮开后用于泡茶，水质还是可以达到要求的。

2.纯净水

纯净水是蒸馏水、太空水等的合称，是一种安全无害的软水。纯净水是以符合生活饮用水卫生标准的水为水源，采用蒸馏法、电解法、逆渗透法及其他适当的加工方法制得，纯度很高，不含任何添加物，可直接饮用的水。用纯净水泡茶，其效果还是相当不错的。

3.矿泉水

我国对饮用天然矿泉水的定义是：从地下深处自然涌出的或经人工开发的、未受污染的地下水（图3-56），含有一定量的矿物盐、微量元素或二氧化碳，在通常情况下，其化学成分、流量、水温等动态指标在天然波动范围内相对稳定。与纯净水相比，矿泉水含有丰富的锂、锶、锌、溴、碘、硒和偏硅酸等多种微量元素，饮用矿泉水有助于人体对这些微量元素的摄入，并调节机体的酸碱平衡。但饮

图3-56　矿泉水

用矿泉水应因人而异。由于矿泉水的产地不同，其所含微量元素和矿物质成分也不同，不少矿泉水含有较多的钙、镁、钠等离子，是永久性硬水，虽然水中含有丰富的营养物质，但用于泡茶效果并不佳。

4.活性水

活性水包括磁化水、矿化水、高氧水、离子水、自然回归水、生态水等。这些水均以自来水为水源，一般经过滤、精制和杀菌、消毒处理制成，具有特定的活性功能，并且有相应的渗透性、扩散性、溶解性、代谢性、排毒性、富氧化和营养性功效。由于各种活性水内含微量元素和矿物质成分各异，如果水质较硬，泡出的茶水品质较差；如果属于暂时硬水，泡出的茶水品质较好。

5.净化水

通过净化器对自来水进行二次终端过滤处理制得，净化原理和处理工艺一般包括粗滤、活性炭吸附和薄膜过滤三级系统，能有效地清除自来水管网中的红虫、铁锈、悬浮物等机械成分，降低浊度、余氧和有机杂质，并截留细菌、大肠杆菌等微生物，从而提高自来水水质，达到国家饮用水卫生标准。但是，净水器中的粗滤装置要经常清洗，活性炭也要经常换新，时间一久，净水器内胆易堆积污物，繁殖细菌，形成二次污染。净化水易取得，是经济实惠的优质饮用水，用净化水泡茶，其茶汤品质是相当不错的。

6.天然水

天然水包括江、河、湖、泉、井及雨水。用这些天然水泡茶应注意水源、环境、气候等因素，判断其洁净程度。对取自天然的水经过滤、臭氧化或其他消毒过程的简单净化处理，既保持了天然又达到洁净，也属天然水之列。在天然水中，泉水是泡茶最理想的水，泉水杂质少，透明度高，污染少，虽属暂时硬水，加热后，呈酸性碳酸盐状态的矿物质被分解，释放出碳酸气体，口感特别微妙，泉水煮茶，甘洌清芬俱备。然而，由于各种泉水的含盐量及硬度有较大的差异，也并不是所有泉水都是优质的，有些泉水含有硫黄，不能饮用。至于深井水泡茶，效果如何，主要取决于水的硬度，不少深井水为永久性硬水，用于泡茶，茶汤品质、口味很不理想。

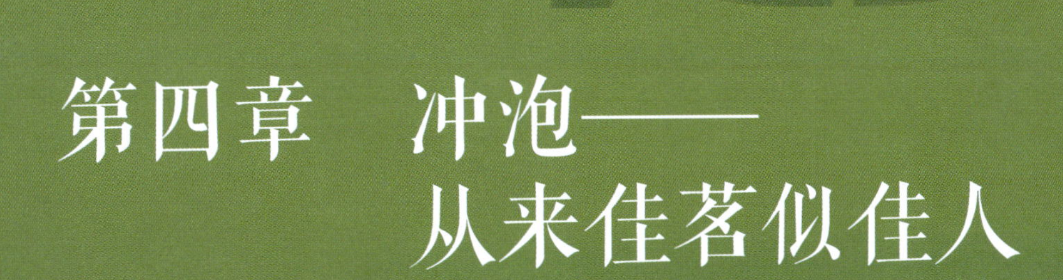

第四章　冲泡——从来佳茗似佳人

第一节 泡茶

俗语说“开门七件事，柴米油盐酱醋茶”，泡茶是生活常事，但真正泡好一杯茶却是一项技艺、一门艺术。泡茶时，涉及茶叶、水、茶具、时间、环境等许多因素，把握这些因素之间的关系，是泡茶的基本技艺。

一、影响茶汤品质的要素

泡茶，是用开水浸泡成品茶，使茶叶中可溶物质溶解于水，成为可口茶汤的过程。

茶叶中的各化学成分是组成茶叶色、香、味的物质基础，其中多数能在冲泡过程中溶解于水，从而形成了茶汤的色泽、香气和滋味。泡茶时，应根据不同茶类的特点，调整水的温度、浸润时间和茶叶的用量，从而使茶的香味、色泽、滋味得以充分体现。

（一）浸泡时间

1.浸泡时间与茶汤色泽变化的关系

茶汤色泽是茶叶中有色物质溶解于水后综合反应的结果，茶叶的有色物质主要有叶绿素、叶黄素、胡萝卜素、花青素和茶多酚的氧化物等。绿茶茶汤色泽变化主要是茶多酚类物质黄酮类及其糖苷物的氧化。绿茶用开水冲泡后，开始是绿中透黄，随着时间的延长，茶汤的颜色慢慢变成黄绿色，再变成黄褐色。乌龙茶茶汤色泽变化主要取决于茶多酚、茶黄素和茶红素，因此冲泡后的茶汤颜色呈黄红色，但随着时间的延长，茶汤颜色由于这些物质的进一步氧化而加深。

2.浸泡时间与茶汤滋味的关系

茶汤滋味是人们的味觉器官对茶叶中可溶物质的一种综合反应，茶汤滋味有多种，主要有涩味、苦涩味、苦味、鲜爽味、甜醇味等。

根据研究测定，茶叶经沸水冲泡后，首先从茶叶中浸提出来的是维生素、氨基酸、咖啡碱等，使茶汤喝起来有鲜爽、醇和之感。随着茶叶浸泡时间的延长，茶叶中的茶多酚类物质被陆续浸提出来，这时的茶汤喝起来鲜爽味减弱，苦涩味等相对增加。因此要泡上一杯既有鲜爽之感，又清澈明亮的茶，对一般普通等级红、绿茶来说，经浸泡3 ~ 4分钟后饮用较好。一般品茶是边饮边泡。一泡茶香气浓郁，滋味鲜爽；二泡茶厚重浓郁，但味鲜爽不如前泡；三泡茶香气和滋味已淡乏。要欣赏好茶汤滋味应充分运用舌头这一感觉器官，尤其是应利用最敏感的舌尖部位来享受茶的自然本色。

（二）茶叶品质

茶叶中各种物质在沸水中浸出的快慢，还与茶叶的老嫩和加工方法有关。氨基酸具有鲜爽的性质，因此茶叶中氨基酸含量多少直接影响着茶汤的鲜爽度。名优绿茶滋味之所以鲜爽、甘醇，是因为氨基酸的含量高和茶多酚的含量低。夏茶氨基酸的含量低而茶多酚的含量高，所以茶味苦涩。故有“春茶鲜、夏茶苦”的谚语。

（三）水的温度

茶叶中检测出组成茶香的芳香物质有300余种。这些物质一般在沸水冲泡过程中能挥发出来，其挥发速度与温度成正比，水温高时香气发挥得多而快，水温低时香气发挥得少而慢。

泡茶水温还受到下列一些因素的影响。

1.温壶

置茶入壶前是否将壶用热水烫过会影响泡茶用水的温度，热水倒入未温热过的茶壶，水温将降低。所以若不实施“温壶”，水温必须提高些，或浸泡的时间稍长些。

2.温润泡

所谓温润泡就是第一次冲水后马上倒掉，然后再冲泡第一道（不一定要实施），这时茶叶吸收了热量与水分，再次冲泡时，可溶物释出的速度一定加快，所以经过温润泡的第一道茶，浸泡时间要缩短。

乌龙茶以天然花香而得名，但由于采摘的鲜叶比较成熟，因此在冲泡中除用沸水冲泡外，还需用沸水淋壶，目的是增加温度，使茶香充分挥发出来。

茶叶香气是一种挥发性物质，随着茶汤逐渐冷却，香气也自然消失，但好的茶叶冷却后还有香气，这称为冷香。

（四）投茶量

茶叶用量应根据不同的茶具、不同的茶叶等级而有所区别，一般而言，细嫩的茶叶用量要多，较粗的茶叶用量可少一些，即所谓“细茶粗吃”“粗茶细吃”。

普通的红、绿茶，每杯投入茶叶（干茶）2 ~ 3克，第一泡，可冲开水100 ~ 150毫升。乌龙茶因习惯浓饮，注重品味和闻香，故要汤少味浓。用茶量以茶叶与茶壶比例来确定。通常茶叶体积占茶壶体积的1/2 ~ 2/3（茶水比为1 ∶ 20左右）。普洱茶有的采取壶泡，通常以10克左右的干茶投入壶中，冲入沸水500毫升。

另外，用茶量的多少还要因人而异。如果饮茶人是老茶客或是体力劳动者，一般可以适量加大茶量；如果饮茶者是新茶客或是脑力劳动者，可以适量少放一些茶叶。

应注意茶不可泡得太浓，因为浓茶有损胃气，对脾胃虚寒者更甚，茶叶中含有鞣酸，太浓太多，会刺激消化道黏膜，妨碍胃吸收，引起便秘，同时，太浓的茶汤和太淡的茶汤不易体现出茶香嫩的味道。古人谓饮茶“宁淡勿浓”是有一定道理的。

（五）茶具

茶叶与茶具的搭配是很重要的，需要“门当户对”“意气相投”，这是泡好茶的一大要素。故有“器为茶之父”之说。

茶具应包括泡茶时用的主茶具和一些辅助用品，以及备水、备茶的器具。

我国茶具品种丰富，各民族与各地区的饮茶习俗多样，茶具的具体配备有很大的差异，再者由于每个人的爱好与品位不一，冲泡技艺的不断创新，茶具自然也不断变化与创新。在初步掌握茶具、茶性的基础上，可以自由选择、搭配茶具。

把握茶具质地的目的是掌握泡茶过程的散热速度。一般而言，密度高、胎身薄的，散热速度快（即保温效果差）；密度低、胎身厚的，散热速度慢（即保温效果好）。

重香气的茶叶要选择硬度较高的壶或杯（所谓硬度高，指器皿烧结的温度在1100℃以上），绿茶类、轻发酵的茶类，如龙井、碧螺春、文山包种茶及其他嫩芽茶叶等都适合。还有瓷壶、玻璃杯或盖碗，散热速度快的，泡出的茶汤香味较清扬，冲泡频率较高。重滋味的茶，要选择硬度较低的壶来泡，乌龙茶类便是。其他如外形紧结、枝叶粗老的茶，以及普洱茶等，应选择陶壶、紫砂壶冲泡。

（六）冲泡时间和次数

茶叶冲泡的时间和次数差异很大，与茶叶种类、泡茶水温、用茶数量和饮茶习惯等都有关，不可一概而论。

如用茶杯泡饮一般红、绿茶，每杯放干茶3克左右，用沸水150 ~ 200毫升冲泡，4 ~ 5分钟后，便可饮用。这种泡法的缺点是：如水温过高，容易烫熟茶叶（主要指绿茶）；水温较低，则难以泡出茶汁；而且因水量多，往往一时喝不完，浸泡过久，茶汤变冷，色、香、味均受到影响。

品饮乌龙茶多用小型紫砂壶。在用茶量较多（约半壶）的情况下，第一泡要迅速倒出来，第二泡稍停留。也就是从第二泡开始要逐步增加冲泡时间，这样前后茶汤浓度才比较均匀（具体时间应视茶而定）。

泡茶水温的高低和用茶数量的多少，也会影响冲泡时间的长短。水温高，用茶多，冲泡时间宜短；水温低，用茶少，冲泡时间宜长。冲泡时间究竟多长，以茶汤浓度适合饮用者的口味为标准。

二、泡茶演示

（一）玻璃杯冲泡法

1. 备器

随手泡、茶盘、赏茶荷、玻璃杯、水盂和茶巾。

2. 赏茶

在此，我们用黄山毛峰为大家演示玻璃杯冲泡法（图4-1）。

图4-1　赏茶

3. 温杯

向玻璃杯中注入1/3左右热水，然后将杯身倾斜，慢慢转动杯身，使之受热均匀，最后将水倒入水盂中（图4-2、图4-3）。

图4-2　温杯（1）

图4-3　温杯（2）

4. 注水

向玻璃杯中注入1/3热水（图4-4）。

5. 投茶

用茶匙轻轻拨取茶叶放入玻璃杯中（图4-5）。

图 4-4　注水

图 4-5　投茶

6. 润茶

右手托住杯底，左手握住杯身，轻轻摇动杯身，以唤醒茶叶（图 4-6）。

7. 正式注水

采用凤凰三点头的方式冲泡茶叶（图 4-7）。

图 4-6　润茶

图 4-7　正式注水

凤凰三点头是玻璃杯冲泡绿茶的经典动作，泡茶者需高提随手泡，让水直泻而下，借助手腕的力量，上下提拉注水，反复三次，借助水的冲力，让茶叶在水中来回翻滚流动，以激发茶性，美其名曰凤凰三点头。

8. 闻香

右手托住杯底，左手握住杯身中上部，将玻璃杯从左向右划过鼻端下进行闻香（图 4-8）。

9. 品饮

品饮时可轻轻吹动浮在茶杯上的茶叶，优雅品饮（图 4-9）。

图4-8　闻香

图4-9　品饮

（二）盖碗冲泡法

1.备器

随手泡、茶盘、赏茶荷、白瓷盖碗、公道杯、品茗杯、水盂、茶巾、茶夹、茶匙、杯垫、滤网和滤网架。

图4-10　赏茶

2.赏茶

在此，我们用铁观音为大家演示盖碗冲泡法（图4-10）。

3.温杯

用热水温烫盖碗、公道杯、品茗杯，然后将废水倒入茶盘或水盂中（图4-11、图4-12）。

图4-11　温杯（1）

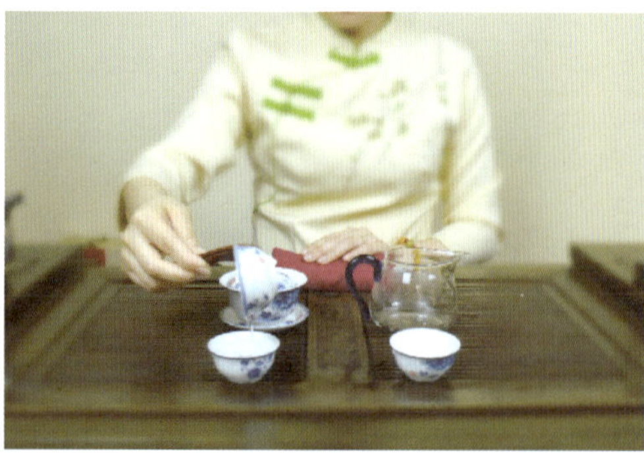

图4-12　温杯（2）

4. 投茶

用茶匙轻轻拨取茶叶投入盖碗内（图4-13）。

5. 洗茶

将开水倒入盛干茶的盖碗，以唤醒茶叶（图4-14）。

图4-13　投茶

图4-14　洗茶

冲泡乌龙茶时，习惯把第一泡茶水倒掉，称为洗茶。洗茶有两个目的：一是洗去茶叶中的夹杂物，如茶灰、尘埃等；二是通过第一泡的操作来浸润茶，有利于茶叶的舒展和茶汁的浸出，释放茶香。

6. 正式冲泡

沸水高冲入盖碗（图4-15）。

7. 出汤

盖碗出汤经滤网至公道杯中（图4-16）。

图4-15　正式冲泡

图4-16　出汤

8. 分茶

将公道杯中的茶汤均匀地分到每个品茗杯中（图4 17、图4-18）。

图4-17　分茶（1）

图4-18　分茶（2）

9. 奉茶

将分好的茶奉给客人（图4-19）。

图4-19　奉茶

10. 闻香品饮

用盖碗品茶前，要先闻香。右手轻揭盖碗盖，先闻盖香，再闻水香，最后再品茶（图4-20、图4-21）。

图4-20　闻香

图4-21　品饮

闻香包括闻干茶香、盖香、水香、杯底香、叶底香等。用盖碗品茶，不是揭开盖碗即品茶，要先闻盖香，再闻水香，最后细细感受茶汤的滋味。

（三）紫砂壶冲泡法

1. 备器

随手泡、茶盘、赏茶荷、紫砂壶、公道杯、品茗杯、闻香杯、水盂、茶巾、茶夹、茶匙、茶漏、杯垫、滤网和滤网架（图4-22）。

2. 赏茶

在此，我们用铁观音为大家演示紫砂壶冲泡法（图4-23）。

图4-22　备器

图4-23　赏茶

3. 温壶洁具

用开水烫洗紫砂壶、公道杯、品茗杯和闻香杯（图4-24 ~ 图4-27）。

图4-24　温壶洁具（1）

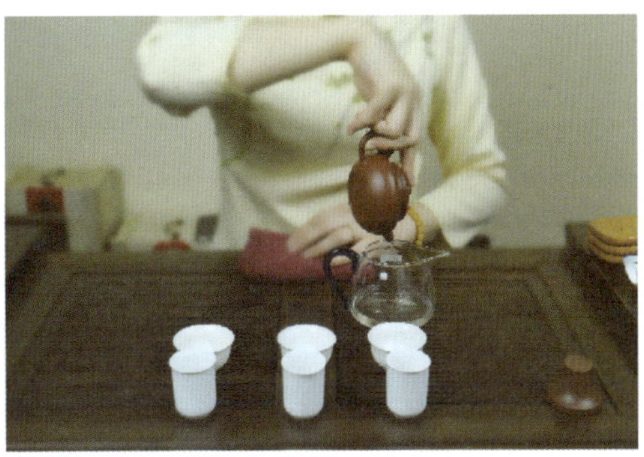

图4-25　温壶洁具（2）

图 4-26　温壶洁具（3）

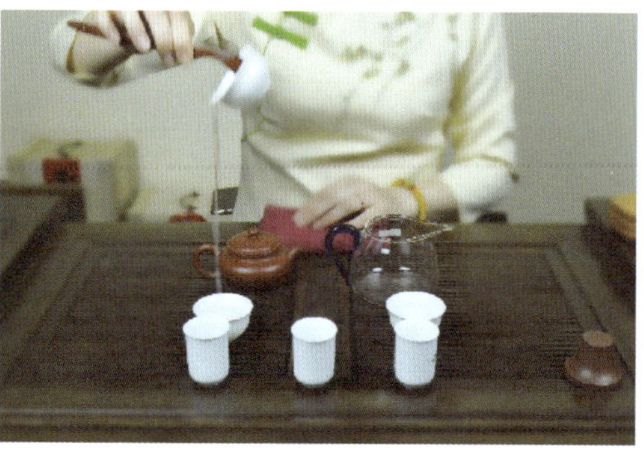

图 4-27　温壶洁具（4）

4. 投茶

将茶漏放在紫砂茶壶口上，以扩大壶口面积，然后用茶匙轻轻拨取茶叶入紫砂壶内（图 4-28）。

图 4-28　投茶

5. 洗茶、温壶

将开水倒入紫砂壶内，唤醒茶叶，然后用第一泡洗茶的茶汤浇淋紫砂壶（图 4-29、图 4-30）。

图 4-29　洗茶

图 4-30　温壶

6. 正式冲泡

沸水再次高冲入紫砂壶（图 4-31）。

7. 刮沫淋壶

用壶盖在壶口边缘平刮几下，将白沫刮去，盖上壶盖，再用100℃沸水在壶外面冲淋，提高壶温（图4-32）。

图4-31　正式冲泡

图4-32　刮沫

8.出汤

将紫砂壶中的茶汤经过滤网注入公道杯中，以过滤、均匀茶汤（图4-33）。

9.擦拭水滴

擦拭公道杯的底部（图4-34）。

图4-33　出汤

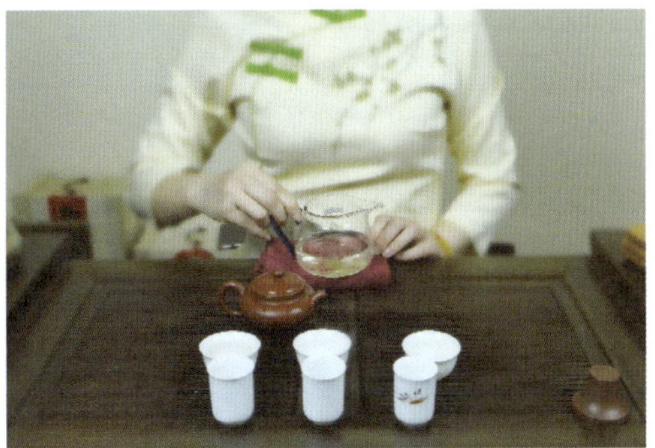

图4-34　擦拭水滴

10.分茶

用公道杯给每个闻香杯分茶，均匀且不能过满（图4-35）。

11.盖杯

将品茗杯倒扣在闻香杯上（图4-36）。

图 4-35　分茶

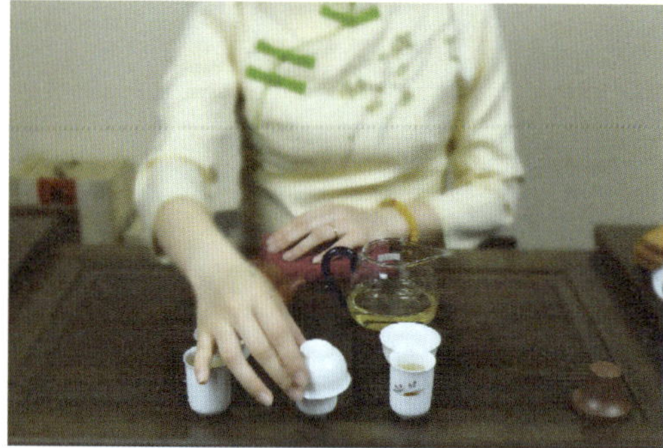

图 4-36　盖杯

12.旋转、翻杯

将进口紧扣的两个杯子迅速向内翻转，使闻香杯在上，品茗杯在下，茶汤自然流入到品茗杯中（图4-37、图4-38）。

图 4-37　旋转

图 4-38　翻杯

13.奉茶（图4-39）

敬茶，即将泡好的茶奉给客人。

14.起杯、闻香

沿品茗杯内壁轻轻旋转闻香杯，分离后，双手掌心搓动闻香杯在鼻子下方闻香（图4-40、图4-41）。

图 4-39　奉茶

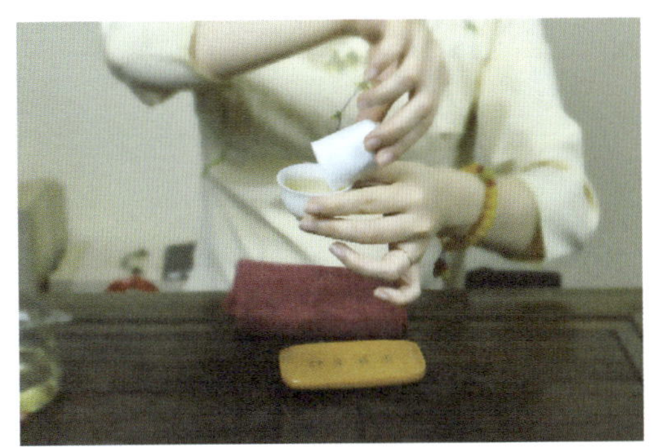

图4-40　起杯

图4-41　闻香

15.品饮

品茶，以三龙护鼎的手势拿起品茗杯，细品茶香滋味，禁忌一口饮尽（图4-42）。

图4-42　品饮

第二节　茶艺表演 

一、茶艺表演的基本要求

（一）茶艺表演的形象要求

茶艺表演是一门高雅的艺术，它不同于一般的演艺表演。它浸润着我国的传统文化，飘逸出国人所特有的清淡、恬静、明净自然的人文气息。因此，茶艺表演者不仅讲究外在形象，更应注重内在气质的培养。

1.自然和谐

有茶艺表演，就有与观众的交流，因此举止是至关重要的。人的举止表露着人的思想及情感，它包括动作、手势、姿态的和谐美观及表情、眼神、服装、佩饰的自然统一。因为成功的表演，不只是冲泡一杯色、香、味俱佳的好茶的过程，同时表演本身也是一次赏心悦目的享受。因此，必须在平时的训练中全身心地投入，在动作和形体训练的过程中，融入心灵的感受，体会茶的奉献精神和纯洁无私，与观众产生共鸣。

陆羽的《茶经》将茶道精神理论化，其茶道崇尚简洁、精致、自然的同时体现着人文精神的思想情怀。在我国传统文化中，和谐是一种重要的审美尺度。茶道也是如此，要使人们感受到茶道中的隽永和宁静，从有礼节的茶艺表演中感悟时间、生命和价值。

2.从容优雅

泡茶是用开水冲泡茶叶，使茶叶中可溶物质溶解于水成为茶汤的过程。完成泡茶过程容易，而泡茶过程中的从容优雅的神态并不是人人都能体现的。这就要求表演者不仅要有广博的茶文化知识、较高的文化修养，还要对茶道内涵有深刻的理解，否则纵有佳茗在手也无缘领略获其真味。

茶艺表演既是一种精神上的享受，也是一种艺术的展示，是修身养性、提高道德修养的手段。从容，并不等于缓慢，而是熟悉了冲泡步骤后的温文尔雅、井井有条。优雅，也不是故作姿态，而是了解茶、熟知茶、融入茶的意蕴后的再现。

3.精神稳重

稳定、镇静而不出差错地冲泡一道茶乃是茶艺表演的最基本要求。实践中，每一个握杯、提壶的动作都要有一定的力度、统一的高度。如往杯中注水都有不同的方法和速度，小臂、肩膀的动作应注重轻、柔、平衡，整个身躯必须挺拔秀美，而无论坐、站、行走都要讲究沉和收。

茶重洁性，泉贵清纯，都是人们所追求的品性。人与自然有着割舍不断的缘分。表演中追求的是在宁静、淡泊、淳朴、率直中寻求高远的意境和“壶中真趣”，在泡茶过程中，无论对于茶与水，还是对于人和艺，都是一种超凡的精神，是一种高层次的审美追求。

初学茶艺者在模仿他人动作的基础上，要不断学习，加深思索，由形似到神似，最终会独树一帜，形成自己的风格。要想成为一名优秀的茶艺表演者，不仅要注意泡茶过程是否完整，动作是否准确到位，而且要提高自身的文化修养，充分领悟其何处是序曲，何处是高潮，才能在茶艺上有所造就。

（二）茶艺表演的气质要求

1.深厚的文化底蕴

我国是一个文明古国，有着悠久的历史和灿烂的文化。千百年来，形成了独特的东方文化。我国是茶的故乡，饮茶是国人的传统习俗。因此，我国的茶艺在其形成和发展过程中，吸取了中华文化的营养和精髓，并与我国文化一起成长，具有鲜明的民族特色。这就要求茶艺表演者有一定的文化功底，这样才能表达出茶艺的“精、气、神”。

茶艺表演往往宛如一条清澈的小溪，让观赏者静静地体会出其中的幽香雅韵。如果表演者缺乏文化底蕴，只有“形似”，那么观赏者恐怕只能看到几个茶楼女子在手忙脚乱地“做戏”，没有美的享受，更谈不上美的熏陶。

2.完美的艺术造诣

茶艺表演是技术和艺术的结合，是表演者（或茶人）在茶事过程中以茶为媒介去沟通自然、内省自性、完善自我的艺术追求。茶艺表演者要先应顺茶性，掌握好选茶、鉴水、试温、择器，科学地编排程序，灵活掌握每一个环节，泡出茶的特性、真味，同时完善自我，修身养性，才能充分体现出茶艺之真谛。

每一位茶艺表演者在茶艺修习过程中，都要注重清静、自然，注重轻松、柔软，使人们在弥漫的茶香中感受愉悦、亲和、优雅。茶艺修习可从以下几方面入手。

（1）体势　指表演者身体姿态和身体动作帮助塑造形象，辅助口语传情达意。

① 坐要正。头要正，下颏微收，神情自然；胸背挺直不弯腰，沉肩垂肘两腋空，脚放平，不跷腿，女士不要叉开双腿。

② 立要直。头正，肩平，眼正视，胸背挺直不弯腰，两手自然放两边，脚跟并拢不抖动。

③ 行要稳。小步行走脚步轻，一字步前进，脚稳健。

④ 冲泡手势。冲泡动作轻灵连绵。取放器具手要轻，动作之间不间断，运转角度呈弧状，张弛有节度。

（2）态势　运用无声语言技巧，传达它的思想、情感和信息。

① 表情语，称为面语，要大胆地把目光投向观众，用眼神显示自信的魅力，表达内在的丰富情感，以热情、坦诚的眼神与观众建立友好的联系。

② 微笑语，微笑使人亲切，微笑能缩短相互之间的感情距离，微笑能把友善的情感带给观众，达到心灵的沟通。

茶艺表演者的内在气质会直接影响到表演是否具有灵性，是否具有生命力。为了让观赏者在悠然品茗的雅致中享受到我国茶艺独有的宁静、平实的意境，表演者的自身修养是传递的桥梁。换句话说，具有丰富内涵的表演者能传神达意地诠释我国茶艺的博大精深。

（三）茶艺表演中环境的要求

古往今来，历代名家无不注重品茗环境的选择，企望能有个“景、情、味”三者有机结合的环境，从而产生最佳的心境和精神状态。

茶好、水灵、器精和正确的泡茶技艺是造就一杯好茶的重要条件，加上有一个清幽的环境，这时已不是单纯的饮茶了，而是一门综合的生活艺术。因此，茶的品饮、品茗环境的营造都是很重要的。青山秀水、小桥亭榭、琴棋书画、幽居雅室是茶艺表演最为理想的环境。

品茗的环境一般由建筑物、园林、摆设、茶具等组成。

大众饮茶场所，因其层次、格调不一，要求也不一样。对于大众饮茶场所，可用入乡随俗的方式来营造环境，其建筑物不必过于讲究，竹楼、瓦房、木屋、草舍等都可以为公共品茗场所，先决条件是采光好，让人感到明快，室内摆设可以简朴，桌椅板凳整齐、清洁即可。大碗茶也好，壶茶也罢，都应干净卫生，物美价廉。

至于高档的茶馆就得更讲究一些，室内摆设要精致，建筑、隔间要富有特色，庭院或周围景色要美观。

文化气息的书画挂轴；富有民间情调的纸灯笼、竹帘；深得传统意趣的插花焚香；雅音蕴藉的古筝音乐；曲径通幽的石子小道；清趣静寂的山水亭园……展现出一派全然民族意趣的景象。少儿茶艺表演环境应注意活泼、快乐的特点，用切题的意境衬托出主题的气氛。在表演过程中，还可围绕以茶文化为题材的茶画、茶诗、茶字、茶歌、茶舞的内容进行。在器具上，则力求通过器、物的配置和品饮的过程来表达我国文化的博大精深和淡泊宁静的品性。

远观之设，器物配置和布列皆雅正、清绝，距离相隔，井然有序。似深藏礼仪周至，法度正方之势。

总之，茶艺环境要安静、清新、舒适、干净，四周可陈列能展示茶文化的艺术品，或一幅画、一件陶瓷工艺品、一束插花、一套茶具、一个盆景等，这些都应随着主题的不同而布置，或绚丽，或幽雅，或朴实，或宁静，尽可能利用一切有利条件，如阳台、门庭小花园甚至墙角等，只要布置得当，窗明几净，都能创造出一个良好的茶艺表演和品茗环境。

（四）茶艺表演中服饰、音乐、器具的运用

1.茶艺表演与服饰

（1）茶艺表演的美　女士的着装常见的有色彩鲜艳的绸缎旗袍、江南蓝印花布服饰，较为大方，只要衣服宽松自然，不刻意紧身，易被多数观众接受即可。切忌穿轻浮的袒胸衣或无袖衣、半透明衣。男士可穿西装打领带或中式服装。除少儿茶道表演者以外，不宜穿短裤或超短裙，否则有损雅观。

（2）衬托表演主题　既然是表演就应穿着表演的服饰，表演的服饰将有效地衬托所表演的主题，使观众集中注意力，容易理解，认同茶艺表演。表演服装的款式多种多样，但应与表演的主题相符合。着装应得体、端庄、大方，符合审美要求。如“唐代宫廷茶礼”表演，表演者的服饰应该是唐代宫廷服饰；

而“白族三道茶”表演，应着白族的民族特色服装；“禅茶”表演，则以禅衣为宜等。

（3）细节　服装穿着平整，纽扣要扣好，口袋里不要放很多的东西，否则鼓鼓囊囊，会影响美观。

2.茶艺表演与音乐

纵观目前的各种茶艺表演，均有音乐相配合，说明现阶段的表演者、观看者均认同这一功能。音乐响起，观众容易进入观众的角色，而表演者也容易进入表演者的角色。但所配音乐应与茶艺表演的主题相符合，正如服装与茶艺表演主题相符合是一样的，均有助于人们对表演效果的肯定与认同。如“西湖茶礼”用江南丝竹的音乐；“禅茶”用佛教音乐；“公刘子朱权茶道”用古筝音乐等。

表演时所配音乐要柔和，以使观众轻松自然，提高观赏欲望。用古筝、扬琴、提琴、琵琶等乐器演奏较合适，如无乐队伴奏，播放轻音乐也可。

在茶艺表演的环境中，追求“清”——音乐的“清”，配合茶艺表演，通过茶艺表演让观看者有所“清”，清醒的头脑，有助于人的思维，有助于人们认识人生的意义，使人们和睦相处，感受相聚一起享受品茗的不容易。

3.茶艺表演中茶叶的选择与器具的搭配

（1）用茶精良忌粗老　表演用茶必须精良，用知名度较高的名优茶更好，经讲解茶的品名后，易引起观众的好奇心，提高品尝的欲望，从而有利于活跃全场气氛。用名优绿茶、上等祁红、滇红、铁观音、茉莉花茶和白茶等均可，但不宜用红碎茶、袋泡茶、速溶茶、罐装茶和杂味茶等，因为这些茶不易看清外形，会使表演逊色。

（2）茶具宜协调和谐　泡什么茶就应选什么茶具与之匹配。泡茶用具的选择有观赏性和习惯性的一面，也有其科学性，但也不是一成不变的，可以做一些适当的调整，以丰富表演的形式，提高观赏价值，只要不打破其内在的科学性即可。选择茶具，首先讲究实用、便利，其次才追求美观。茶具或典雅，或古朴，各有韵味，不需追求奢华、高贵，更不要红红绿绿，奇形怪状，俗不可耐。

4.茶艺表演位置、顺序、动作

茶艺表演位置、顺序、动作包括：主泡、助泡的位置；出场的顺序；行走的路线、动作幅度；手拿器物的位置；沏泡茶的顺序、动作；敬茶、奉茶的顺序、动作；客人的位置；器物进出的位置、摆放的位置、移动的顺序及路线等。

人们往往注意移动的目的地，而忽视了移动的过程，而这一过程正是茶艺表演与一般品茶的明显区别之一。

这些位置、顺序、动作，所遵循的原则是合理性、科学性，符合美学原理，以及遵循茶精神“和、敬、清、寂”与“廉、美、和、敬”，符合我国传统文化的要求。

（1）出场 （音乐起、灯光）讲解先上场，站在表演台左侧，眼睛从右到左扫视一周，“问好”后退一步，鞠躬，先介绍主泡，再介绍助泡（分别向前一步鞠躬），再介绍茶名。

（2）出场顺序　前后助泡，主泡居中。表演时，主泡居中，左右两助泡，站成“品”字形。

（3）表演姿态　姿态即为茶艺师泡茶过程中身体呈现的样子，具体如下。

站：头正，肩平，下颏微抬，两眼正视前方，脸带微笑，脚跟并拢，脚尖分开，大腿夹紧，脊梁骨开直，两腋空手下垂，头直，两眼平视，腹部微微收起。

走：两脚走路成直线（左右各一直线），步子以一脚掌大小为宜。迈步要稳，两脚自然成两直线平行，步幅小，步子轻，不左右摇晃，用眼梢辨方向，找目标。

坐：身子要正，自然而挺直地坐在椅面的前1/3部位，两腿并拢。双手自然搭放在茶巾上。

鞠躬：左脚先向前，右脚靠上，左手在里，右手在外合起。缓缓弯腰，直起时眼看脚尖，缓缓直起，脸带微笑。俯下和起身速度一样，动作轻松，自然柔软。

（4）奉茶　主泡依次把茶杯递给左右助泡，中间的杯子放在桌上不动，左右助泡拿起茶盘向来宾奉茶。

奉茶时应注意以下事项。

① 捧杯要稳。站立时身子要直，走路要轻，动作要雅。

② 伴微笑致意。对客人主动招呼，用语礼貌，声音适中。

③ 招呼请用茶。无论有柄或无柄茶杯、茶盅，下面都要加托盘。端茶者宜温文尔雅，笑容可掬，和蔼可亲，双手托盘置于胸前，至客人面前，躬腰低声说："请用茶。"客人应立即起立说："谢谢"，并双手接过茶托。这是客来敬茶相互尊敬的表示。

（5）品茶　右手拿杯，趁热闻香，细细观察，小口啜饮，在舌尖往返转动一两次。

（6）退场　助泡后退一步，主泡走向台前，助泡一起跟上。然后一起鞠躬（右手盖在左手上向下慢慢鞠躬），完后助泡退后一步，主泡先退场，助泡跟上。

二、茶艺表演演示

我国茶文化博大精深，源远流长，既涵盖今古，又包罗万象，它系文史地于一脉，集儒释道之大成。

今天，我们因茶缘而走近，集快乐于感觉之中，置友情于享受之上，同品茗，共感悟。中华茶艺涵今古，清香流韵入禅心。

现有航空服务系晖和雅苑为大家齐心奉上我国乌龙茶茶艺表演，希望能带给您一份美的享受、善的满足和真的感悟。

（一）乌龙茶茶艺表演

1.孔雀开屏

依次展示精美的茶具。

（1）茶道组　依次展示茶道组中的茶则、茶匙、茶针、茶漏、茶夹（图4-43、图3-44）。

图4-43　茶道组展示

图4-44　茶则展示

（2）赏茶荷　用来盛放和观赏干茶的用具（图4-45）。

（3）公道杯　用来均匀茶汤、分茶的工具（图4-46）。

图4-45　赏茶荷展示

图4-46　公道杯展示

（4）杯托　用来盛放品茗杯和闻香杯（图4-47）。

（5）紫砂壶　产自宜兴的紫砂壶，用来泡茶（图4-48）。

图4-47　杯托展示

图4-48　紫砂壶展示

（6）品茗杯　用来品茶及观赏汤色（图4-49、图4-50）。

图4-49　品茗杯展示（1）

图4-50　品茗杯展示（2）

（7）闻香杯　用来闻杯底留香（图4-51、图4-52）。

图4-51　闻香杯展示（1）

图4-52　闻香杯展示（2）

（8）茶巾　泡茶过程中的清洁工具（图4-53）。

（9）茶叶罐　用来存放干茶（图4-54）。

图4-53　茶巾展示

图4-54　茶叶罐展示

2. 活煮甘泉

煮沸壶中的山泉水，以备泡茶。

3. 嘉叶共赏

取茶赏茶。敬请各位嘉宾欣赏下我们即将冲泡的铁观音的外观（图4-55 ~图4-57）。

图4-55　取茶（1）

图4-56　取茶（2）

图4-57　赏茶

4. 孟臣净心

用沸水冲烫紫砂壶，提高壶温，清洁壶体（图4-58、图4-59）。

图4-58　温壶（1）

图4-59　温壶（2）

5. 高山流水

用烫壶的水润烫品茗杯，提升杯温，再次清洁。用手腕的力量连续提拉紫砂壶依次均匀地向品茗杯中注水，形成如“高山流水”般雅致景观（图4-60 ~图4-62）。

图4-60 温杯（1）

图4-61 温杯（2）

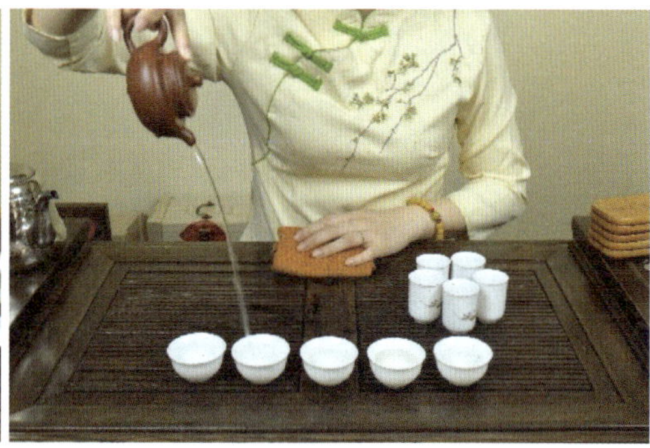

图4-62 温杯（3）

6.乌龙入宫

用茶匙将赏茶荷中的干茶经茶漏轻轻拨入紫砂壶内。左手手腕轻轻转动，以方便入茶，雅致美观（图4-63）。

7.芳草回春

逆时针旋转入水，使茶叶在壶体中翻腾，唤醒茶叶，有助于茶香的散发（图4-64）。

图4-63 入茶

图4-64 洗茶

8.分承香露

用第一泡的洗茶水来烫洗闻香杯，称为“分承香露”（图4-65）。

9.悬壶高冲

第二次注水，正式冲泡，高冲使茶叶迅速舒展（图4-66）。

图4-65　烫杯

图4-66　正式冲泡

10.春风拂面

注满水后，用壶盖刮去茶汤表面泛起的白色泡沫，使茶汤清澈洁净（图4-67）。

11.涤尽凡尘

用热水浇淋壶的表面，清洁壶的表面并增加壶温（图4-68）。

图4-67　刮沫

图4-68　提升壶温

12.内外养身

将闻香杯中的茶水润淋在紫砂壶上，养壶并提升壶温（图4-69、图4-70）。

图 4-69　提升壶温（1）

图 4-70　提升壶温（2）

13. 若琛听泉

将品茗杯中的水倒掉的过程，称为“若琛听泉”（图 4-71）。

14. 游山玩水

轻摇紫砂壶，均匀茶汤，擦拭壶底水滴（图 4-72）。

图 4-71　出水

图 4-72　擦拭壶底水滴

15. 祥龙布雨

出汤到闻香杯的过程称为“祥龙布雨”（图 4-73）。

16. 滴翠含香

将壶中的茶汤全部滴入闻香杯内，每个闻香杯滴一滴茶汤（图 4-74）。

17. 敬奉佳茗

奉茶（图 4-75）。

图 4-73　出汤

图 4-74　滴入闻香杯

图 4-75　奉茶

18. 乾坤旋转，高屋建瓴

将品茗杯翻转扣在闻香杯上（图 4-76、图 4-77）。

图 4-76　翻杯

图 4-77　倒扣

19. 斗转星移

将扣紧的两个杯子翻转过来（图 4-78、图 4-79）。

图 4-78　旋转

图 4-79　翻杯

20.空谷幽兰

将闻香杯沿着品茗杯的内沿轻轻旋转分离（图4-80）。

21.喜闻幽香

双手掌心上下轻轻搓动闻香杯，在鼻子下方闻香（图3-23）。

图4-80　提杯

22.三龙护鼎

拇指、食指握住杯体，中指托住杯底。女士可用兰花指持杯，尽显柔雅；男士则收拢后两指，表现出大权在握（图4-81）。

23.鉴赏汤色

观看茶汤色泽（图4-82）。

图4-81　握杯

图4-82　观色

24. 共尽佳茗

与嘉宾一同品饮乌龙茶的滋味（图4-83）。

图4-83　品茗

（二）红茶茶艺表演

1. 茶具呈展

依次呈展精美的茶具（图4-84、图4-85）。

图4-84　备器

图4-85　瓷壶展示

2. 嘉叶共赏

取茶，赏干茶。敬请各位嘉宾欣赏我们即将冲泡的古树滇红（图4-86）。

3. 活煮甘泉

煮沸山泉水。

4. 冰清玉洁

用沸水烫淋瓷壶、公道杯、品茗杯。提升壶、杯的温度，再次清洁（图4-87～图4-89）。

5. 高山流水

用茶夹依次倒掉品茗杯中的水（图4-90）。

6. 佳人入宫

用茶匙将赏茶荷中的干茶经茶漏轻拨入瓷壶内（图4-91）。

图4-86　赏茶

图4-87　温壶

图4-88　温公道杯

图4-89　温品茗杯

图4-90　出水

图4-91　入茶

7.润泽香茗

洗茶（图4-92 ~图4-94）。

8.再注清泉

高冲入水，正式冲泡（图4-95）。

图4-92　洗茶（1）

图4-93　洗茶（2）

图4-94　洗茶（3）

图4-95　正式冲泡

9.佳茗出宫

出汤入公道杯中（图4-96）。

10.分承香露

向品茗杯中分茶，不宜过满，七分满即可（图4-97）。

图4-96　出汤

图4-97　分茶

11. 敬奉香茗

向嘉宾奉茶（图4-98）。

12. 醇厚芳香

闻香（图4-99）。

图4-98　奉茶

图4-99　闻香

13. 晚霞秀色

观茶汤色泽（图4-100）。

14. 细啜慢品

品饮（图4-101）。

图4-100　观色

图4-101　品饮

（三）花茶茶艺表演

茉莉花茶，是春天的诗，是夏日的画，是秋季里的蝉鸣，是冬月里的喧哗。那是因为只有走过四季的人，才知道怎样理解它的花香茶韵。

1. 焚香颂愿

点燃这支香，让我们的心伴着这袅袅的香烟升华到一个高雅而圣洁的境地，祝天下爱茶人丰德厚福，茶寿同春！

2. 沸煮山泉

远向溪边汲活水，活水还须活火烹（图4-102）。

图4-102　备水

3. 细赏灵芽

一片片碧绿的灵芽，唤醒我们对春天的期待；一片片安静的绿叶，犹如浪漫之都带给您的热情和浪漫，风雅大连送给您的亲切与祥和；它正以婀娜且从容的脚步向您款款走来，仿佛向您诉说着大连茶人那睿智且质朴的情怀。茉莉花茶蕴含了多少我国茶叶的神话与传说，这正是茶人向您展示的高雅的品位与时尚的憧憬（图4-103）。

图4-103　赏茶

4. 三才现世

盖碗也被称作三才杯，杯盖喻为天，杯身喻为人，杯托喻为地，天、地、人三才合一，完美示现天人合一的哲学之最；三才化育甘露美，欣奉人间第一茶（图4-104）。

图4-104　盖碗展示

5. 熕盏蕴香

以滚沸的山泉水，温热洁净的三才杯，以利灵芽溢清香（图4-105）。

图4-105　温盖碗

6. 云龙泄瀑

将温杯之水如瀑布般倾泻于茶盂之中而成云龙呈祥之势（图4-106）。

图4-106　出水

7. 邀聚群芳

茶叶又称群芳醉，将一片片嫩芽按五行方位，轻轻拨入杯盏，正是茶通金木水火土，情结东西南北中（图4-107 ~ 图4-109）。

图4-107　开盖（1）

图4-108　开盖（2）

8. 初润莲心

向杯中注水少许温润茶芽（乾隆皇帝把茶叶比作润心莲）以舒茶香（图4-110）。

图4-109　入茶

图4-110　润茶

9.沁碧旋香

轻轻摇转杯身，茶香慢慢溢出，细细品味，令人神清气爽，心旷神怡（图4-111）。

图4-111　温润泡

10.重展仙颜

经过浸润的茶芽，亭亭玉立，含芳吐翠，仿佛向人们传递着春的气息，讲述着无尽的盎然春意，真的不能不令人神往，不能不叫人遐想……

11.福泉天降

悬壶冲水，似福禄之泉从天而降福泽天下茶人（图4-112）。

12.天地人圆

盖上杯盖，喻示着天、地、人圆满和谐。

13.奉茶呈瑞

一杯清茶奉到您手中，它满盛着清幽的甘甜与芬芳；满盛着大连茶人的热情与祝福；让我们一起感受它带给我们的和谐与吉祥（图4-113）。

图4-112　高冲

图4-113　奉茶

14.共品天香

倾旋杯盖喜闻香，恍若春风拂面来，漫夸神州多新绿，天赐嘉禾鸿运开（图4-114、图4-115）。

图4-114　闻香

图4-115　品茗

各位嘉宾，让我们在今后的日子里，时常端起您心爱的茶盏，让生活因多一份茶艺而更加精彩，让茶艺因多一点生活而更显自然。共喝出那自然、素朴、雅致、和谐的茶人情怀，同感悟那茶缘、情缘、天地人圆的圆满人生。

茉莉花茶茶艺表演到此结束，多谢观赏。

（四）绿茶茶艺表演

1.茶具呈展

依次呈展精美的茶具（图4-116、图4-117）。

图4-116　玻璃杯展示（1）

图4-117　玻璃杯展示（2）

2.初展英姿

观看干茶（图4-118）。

3.烹泉候汤

凉汤。流云拂月。热水润洗玻璃杯（图4-119 ~ 图4-121）。

图4-118　赏茶

图4-119　温杯（1）

图4-120　温杯（2）

图4-121　温杯（3）

4.群仙待浴

用茶匙将干茶轻拨入玻璃杯。片片绿羽如仙女般飘落杯底，仿佛等待春雨的沐浴（图4-122）。

图4-122　入茶

5.甘露润心

向杯中注入少许水，起到润茶的作用（图4-123、图4-124）。

6.凤凰三点头

提拉随手泡连续三次入水至七分满（图4-125、图4-126）。

7.春染碧水

观看汤色，杯中汤水逐渐变为嫩绿色，像被春天染过了一样（图4-127）。

图4-123　润茶（1）

图4-124　润茶（2）

图4-125　冲泡（1）

图4-126　冲泡（2）

图4-127　观色

8.绿云飘香

闻茶汤香气（图4-128）。

9.浅啜慢品

品饮（图4-129）。

图4-128　闻香

图4-129　品饮

第五章　茶艺应用（以空乘专业为例）——茗者八方皆好客　道处清风自然来

随着生活质量的提高和传统文化意识的增强，人们对于饮茶逐渐重视。中国茶文化有助于大学生对传统文化的传承，弘扬中国茶文化精神，从而为高端服务行业、酒店管理等专业人才培养奠定了坚实的基础，成为专业人才培养的客观要求。

下面以空乘专业为例，讲述茶艺在空乘专业人才培养中的应用及其在专业课程体系中起到的重要支撑作用。

随着经济的蓬勃发展，旅游业随之发展，在旅游业和相关产业的带动下，人们在交通方式的选择上越来越多样化。飞机出行越来越普遍，大大促进了民航业的发展。目前，我国民航业正处在全速发展中，随着我国经济的发展，预计到2020年我国航空运输业增长速度将会保持在10%左右。在民航业大发展的背景下，航空乘务员的需求量也不断增加，越来越多的院校开始创办航空服务专业。从当前情况看，随着全国各地机场等基础设施的新建和扩建，航空服务业的需求仍存在一定的缺口，航空服务的就业前景有很大的空间。因此，培养优秀的空乘服务人员是航空类院校的首要任务。随着服务质量的提升，为打造空中服务特色，同时进一步提升乘务员职业技能和素养，茶艺更是必备的基本技能。茶艺能从茶文化的深厚底蕴中提升个人素养，有利于培养乘务员优雅、端庄的职业形象，在丰富服务内涵、提升服务质量的同时，也为旅客带来更优质、更舒适的服务。

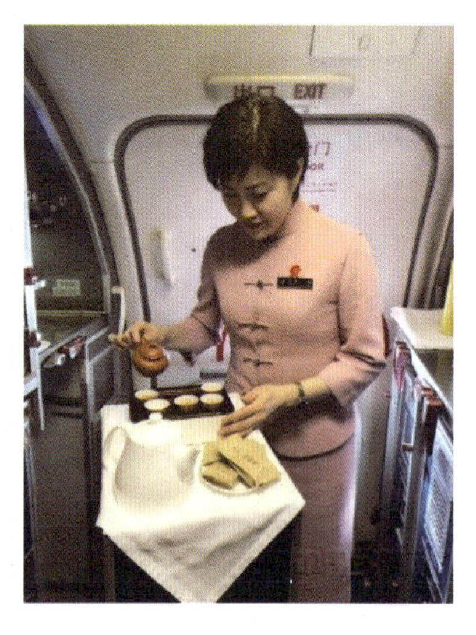

图5-1　南航潮汕工夫茶

中国东方航空公司（简称东航）“空中茶艺表演”特色服务获得了头等舱旅客的一致好评，让旅客们在感受蓝天白云之际，也能够品尝到阵阵茶香。其充分展示了民族特色，让源远流长的我国茶文化以九州蓝天为舞台，打造出视觉、听觉、味觉的感官盛宴，使公司特色两舱服务迈上新台阶。

中国南方航空公司（简称南航）为向广大旅客展示我国茶文化特有魅力，在航班上推出“木棉香茗”潮汕工夫茶特色服务（图5-1），在万米高空进行茶艺表演，展示潮汕工夫茶沏泡过程，让旅客品尝到醇香浓厚的工夫茶，进一步提升服务内涵，受到旅客广泛好评。

图5-2　国航紫轩茶道

中国国际航空公司（简称国航）在国际远程头等舱航班上推出“紫轩茶道”服务（图5-2），旅客可专享国航清静、恬淡的茶韵文化。“紫轩茶道”秉承礼仪之邦注重礼节的文化传统，彰显了国航将礼飨贵宾作为最高礼遇的餐饮服务理念。

国航的头等舱乘务员在旅客面前演绎“紫轩茶道”的侍茶礼仪，为旅客沏上一壶热茶，伴着萦绕于客舱的茶香袅袅，信手拈起一片色如花瓣的马卡龙精致小点，思绪、疲惫随着茶叶的舞动舒展，让旅客乐享舒适旅程。

茶艺是一门高雅的艺术，它浸润着我国的传统文化，飘逸出国人所特有的清淡、恬静、明净、自然的人文气息。因此，茶艺人员不仅要讲究外在形象，更应注重内在气质的培养。

茶艺的美集中体现在它特有的美学特征上，茶艺美是一种综合的美，它融汇了音乐、服饰、舞蹈、书法、绘画等艺术门类的美，并对其加以修饰和完善，塑造出平和、恬静、超凡的我国古典的茶艺美，充分体现了中华民族特有的审美追求与审美意识。这就与空中乘务人才培养中的“不断提升学生的仪态美、个人文化修养”不谋而合，即培养内外兼修的合格空乘人才。

提到空乘，大多数人都会把她们同温文尔雅、端庄秀雅、美丽大方、善解人意、亲和可人等词汇联系在一起。如何把一个具有空乘人员潜质的学生培养成一名具有空乘职业修养的空乘专业人才，其培养过程是十分复杂的。而塑造良好的气质修养与仪态礼仪，则需要一个漫长的“养成”过程。

茶艺是茶艺师与品茶者使品茶由物质层面上升到精神层面的活动过程总称。它包括选茶、择水、冲泡、品饮、感悟几部分。让茶艺从课堂走进学生的生活，在日常的品饮中感悟茶文化内涵，感受我国茶文化的礼仪之美，使其成为优秀的空乘人员。

茶艺对于空乘学生的修养培养主要体现在：一举手，一投足之间均是优美之态，冲泡、奉茶中的礼仪之敬（图5-3）。习茶的过程就是与茶沟通交流的过程，随着对茶的感悟的加深，茶也会成为知己，修炼其心性，加强感知能力。

茶艺的学习，可以使学生理解茶艺基本理论知识，懂得从茶事过程中感知美，传播我国茶道思想。课程中鼓励学生去发现身边美的自然形态，如一粒石、一片叶、溪边的流水、丛林的鸟语等，然后将感兴趣的自然美感带到课堂，随着古筝乐曲的响起进行茶艺练习，以此来提高学生的学习兴趣，尽可能地使学生快速融入茶艺课堂，并主动把饮茶习惯带入生活。另外，还要多方位培养学生的仪表美。仪表，就是人的外表，包括容貌、姿态、服饰和风度等，是构成个体交际“第一印象”的基本因素。仪表美是一个综合概念，它包括三个层次的含义。一是指人的容貌、形体、体态等协调优美，如体格健美、匀称，五官端正、秀丽，身体各部位比例协调，线条优美、和谐。二是指经过修饰打扮及后天环境的影响而形成的美。三是指一个人淳朴、高尚的内心世界和蓬勃向上的生命活力的外在体现。简言之，仪表美就是自然美、修饰美和心灵美的和谐统一（图5-4）。

图5-3　空乘学生茶艺练习

图5-4　空乘学生茶艺演示

可见美的仪表，不但指人的物质躯体的外壳，而且往往反映了人的性格气质、思想感情、道德情操、文化修养乃至社会文明的发展程度。仪表美的这三个层次，实际上就是人们通常说的内在美和外在美。一般来说，二者是密切联系的，外在美要受内在美的制约，而内在美则要通过外在美来显现，互为表里，相得益彰，但二者有时也不完全一致。因此，仪表美同其他外在美一样，只有和内在美（思想品德、理想情操等）高度和谐统一，才能令人敬慕和向往。

茶艺表演中，仪表美主要是形体美、发型美与服饰美的综合体现。仪表也是极其重要的，发型与服饰的作用便凸显出来，当然，茶艺师的仪表必须与所表演的茶艺相吻合。仪态主要指茶艺师在表演过程中所展现的周全端庄的礼仪与适当的气度，要注重鞠躬礼、伸手礼、注目礼、点头礼、叩手礼及其他礼节的正确运用。神韵美是一个人的神情风韵的综合反映，主要表现在眼神和脸部表情，即文学作品中所描写的“一笑百媚生”，要达到较高的茶艺神韵美，茶艺师的个人修养和气质以及对茶的感悟尤其重要。

经过茶艺熏陶，每位学生能独立完成茶艺表演，从表演的过程中领悟泡茶过程之美。同时表演本身也是一次赏心悦目的艺术享受。因此，学生必须在平时的练习中全身心地投入，在动作和形体训练的过程中，融入自己的心灵感受，体会茶的纯洁无私和奉献精神。这对内在美的提升有很大的帮助。

在展示茶艺时，不仅动作要美，语言也要美。茶艺师的语言要美，即要讲究规范和艺术（图5-5）。要多用敬语、谦语，语言要讲究达意、舒适。美学家朱光潜说：“话说得好就会如实的达意，使听者感到舒适，发生美的感受，这样的话就成了艺术。”冲泡者须做到语言简练，语意正确，语调亲切，使饮者真正感受到饮茶也是一种高雅的享受。在表演型茶艺中，茶艺解说的作用尤为重要，茶艺解说是泡茶技艺的介绍说明，是一门有声语言艺术，在表演中属于附加的知识性解释说明。它为茶艺表演服务，并根据不同的茶艺表演定制解说主题，在行云流水的茶技表演、在背景音乐的营造氛围中有效实现表演者与欣赏者的互动，帮助欣赏者更好地观照茶艺表演的意象，领悟茶艺精髓。

图5-5　空乘学生茶艺表演

一名优秀的空乘人员，首先应该有平和的心态，以爱心为基础的服务才是真诚的服务（图5-6）。如果没有真挚的爱心，只依靠技能、技巧来服务的乘务员，永远不可能真正为航空公司留住旅客，也不可能成为一名优秀的乘务员。

图5-6　空乘学生茶艺服务

其次是耐心，耐心是乘务员在工作中化解矛盾的一种重要素质。要使旅客在旅程中愉快、自然地配合乘务员的工作，就需要我们不厌其烦地关注和满足旅客的合理需求，及时化解出现的问题和矛盾，努力营造一种积极解决问题的氛围感染旅客。最后是包容心，包容心不仅可以化解乘务员与旅客之间的不快，还能化解乘务员工作和生活中的负面情绪，使之保持阳光心态，在任何时候都快乐而积极地为旅客提供更优质的服务。只有用心服务，时时刻刻站在旅客的角度思考，主动关怀，同时提升自身修养，注意自己的言谈举止、交流方式、说话的方式与态度，才能在服务中不断提高自身服务水平，如加一条毛毯，多倒一杯水，举手之劳，即便是萍水相逢，也如朋友般的真诚，如此这般轻松自然，自然能在友善的旅客心中留下深刻的印象。

一名优秀的空乘人员需要内心强大起来，在紧张繁忙之中，泡一壶好茶，细细品味，通过品茶进入内心的修养过程，感悟酸甜苦辣的人生，净化心灵。

茶艺不仅能培养学生的仪态美，同时也能提升学生的内在修养，是空乘人员优秀品质养成的重要方式，在空乘人才培养中起到了不可忽视的作用。

参考文献

[1] 陆羽. 图解茶经　认识中国茶道　全新图解版. 西安：陕西师范大学出版社，2012.

[2] 王绍梅. 茶道与茶艺. 重庆：重庆大学出版社，2011.

[3] 林治. 中国茶艺. 北京：中华工商联合出版社，2000.

[4] 高运华. 茶艺服务与技巧. 北京：中国劳动社会保障出版社，2005.

[5] 柴奇彤. 实用茶艺. 修订版. 北京：华龄出版社，2006.

[6] 周红杰等. 云南茶叶冲泡技艺. 昆明：云南科学技术出版社，2006.

[7] 陈宗懋，杨亚军. 中国茶经. 上海：上海文化出版社，2011.